致密砂砾岩油藏优化钻完井技术

石建刚　朱忠喜　许江文　路宗羽　等编著

石油工业出版社

内 容 提 要

本书以新疆玛湖油田致密砂砾岩油藏的钻完井工程设计及施工过程中的理论研究和现场实践为基础，介绍了三维地应力建模及压力预测方法，直观展示了区域地应力和地层压力空间展布规律；结合井身结构优化过程中的必封点确定方法，以地层压力平面分布区带不同进行划分，高压力系数区域水平井井身结构由四开裸眼优化为小三开固井完井，低压力系数区域实现长段水平井二开井身结构；应用多元协同井壁稳定理论，通过室内优选与现场实践研制多元协同钻井液技术与配方，建立了适用于玛湖地区的防漏堵漏技术；针对八道湾组厚层底部砾岩及克拉玛依组砾岩夹层及百口泉组砂砾岩地层进行了个性化钻头设计，研制适合砾岩夹层钻进的强攻击性钢体 PDC 钻头和抗研磨抗冲击胎体 PDC 钻头；针对长水平段水平井固井及压裂施工，建立了非均布载荷下套管力学模型及套管强度设计方法；采用摩擦系数拟合法确立现场通井及套管下入摩阻分析方法，研制低成本韧性水泥浆体系，形成了具有自主知识产权的长水平段水平井固井配套技术系列。

本书可供从事钻完井工程相关专业的人员和大专院校师生参考阅读。

图书在版编目（CIP）数据

致密砂砾岩油藏优化钻完井技术／石建刚等编著 .
—北京：石油工业出版社，2020.01
ISBN 978-7-5183-3800-9

Ⅰ.①致…　Ⅱ.①石…　Ⅲ.①致密砂岩-砾岩-油藏
工程-完井　Ⅳ.①TE257

中国版本图书馆 CIP 数据核字（2019）第 290971 号

出版发行：石油工业出版社
　　　　　（北京安定门外安华里 2 区 1 号　100011）
　　　　　网　　址：www.petropub.com
　　　　　编辑部：（010）64523583　图书营销中心：（010）64523633
经　　销：全国新华书店
印　　刷：北京中石油彩色印刷有限责任公司

2020 年 1 月第 1 版　2020 年 1 月第 1 次印刷
787×1092 毫米　开本：1/16　印张：11.5
字数：300 千字

定价：96.00 元
（如出现印装质量问题，我社图书营销中心负责调换）

《致密砂砾岩油藏优化钻完井技术》编写组

主　编：石建刚

副主编：朱忠喜　许江文　路宗羽

成　员(按姓氏笔画排序)：

于永生	于丽维	王　峥	王朝飞	甘一风	叶　成
关志刚	刘颖彪	刘可成	戎克生	胡开利	李永刚
李建国	李维轩	李世平	吴彦先	吴继伟	钟守明
杨　洪	张文波	徐生江	党文辉	蒋振新	杨彦东
邢林庄	席传明	张　洁	宋　琳	阮　彪	罗　亮
舒振辉	孙维国	武兴勇	孙晓瑞	向冬梅	张耀江
杨志毅	熊　超	鞠鹏飞			

前　言

　　准噶尔盆地玛湖斜坡是新疆油田油气储量和产量新基地，区域压力系统及地层岩性平剖面差异大，井身结构优化及钻井提速难度大，单井钻井成本高。面对低油价的严峻形式，如何实现降本增效是确保油田经济有效开发的基础。以"非常规的油藏、非常规的理念、非常规的技术"为思路，紧密围绕低成本战略，开展钻井地质特征分析，建立了三维地应力模型，直观展示了区域地应力和地层压力空间展布规律，系统认识了玛湖斜坡区地层压力、地层岩性及钻井复杂平剖面分布规律；综合利用测井、录井和钻井等资料开展井壁稳定性评价研究，结合区域钻井地质特征，科学确定出井身结构必封点，且井身结构优化首次以优化井眼尺寸的方法达到降本增效的目的。

　　以地层压力平面分布区带不同进行划分，压力系数大于 1.20 的区域水平井井身结构由四开裸眼优化为小三开固井完井，压力系数小于 1.20 的区域首次实现长段(>1200m)水平井二开井身结构钻井，丰富了提质增效手段。开展砾岩地层岩石力学特性评价研究，研制出适合八道湾组厚层底部砾岩、克拉玛依组砾岩夹层及百口泉组砂砾岩地层的个性化 PDC 钻头。应用多元协同井壁稳定理论，采用"协同增效"技术方法，形成了适用于玛湖地区的多元协同钻井液技术与配方。通过室内优选与现场实践，建立了适用于玛湖地区的防漏堵漏技术，有效减少了玛湖地区井漏复杂情况。针对长水平段水平井固井及压裂施工，建立了非均布载荷下套管力学模型及套管强度设计方法；采用摩擦系数拟合法确立现场通井及套管下入摩阻分析方法，研制低成本韧性水泥浆体系，形成了具有自主知识产权的长水平段水平井固井配套技术系列。提速降本效果显著，为新疆油田致密油开发提供技术保障，为类似油藏的经济有效开发提供了技术和方法的借鉴。

目　　录

第1章 油藏地质构造及钻井工程特点

新疆准噶尔盆地是中国陆地的重要油气富集地，蕴含的致密油气潜力巨大，但开发中面临着地质条件复杂、工程难度大、成本高等挑战。玛湖凹陷斜坡区(图1.1)油气勘探始于20世纪80年代，当时提出"跳出断裂带，走向斜坡区"的勘探思路，于1996年提交玛6井区三叠系百口泉组石油控制地质储量587×10^{4}t、含油面积30.0km^2。2010年，对玛湖凹陷斜坡区开展整体研究，重点从构造、岩相和油气运移等方面进行分析与评价，取得一系列新认识。2012年3月在百口泉组二段3186.0~3200.0m井段采用二次加砂压裂新工艺，ϕ3.5mm油嘴试采油压1.7~2.4MPa，套压6.8~7.1MPa，平均日产油9.24t，从而发现了玛北油田玛131井区块三叠系百口泉组油藏。2014年10月，玛北斜坡区玛131井区三叠系百口泉组油藏上报新增石油探明含油面积118.61km^2，石油地质储量5577.14×10^{4}t，技术可采储量557.7×10^{4}t。玛北斜坡区百口泉组油藏获得发现后，按照扇三角洲前缘相控油藏模式，对玛湖地区构造及沉积体系进行重新研究。2013年3月在玛湖地区部署上钻玛18井，发现了玛18井区三叠系百口泉组油藏。为进一步扩大勘探成果，按照"整体部署、整体探明"原则，玛18井区提交控制石油地质储量8477×10^{4}t、含油面积99.8km^2。

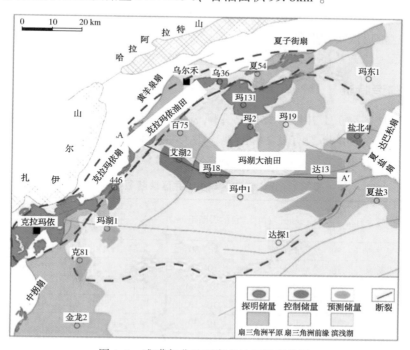

图1.1 准噶尔盆地玛湖大油田地理位置

玛湖地区致密砂砾岩油藏是国内仅有的大型粗碎屑岩致密油藏，是近年来中国石油最重要的勘探发现之一，石油资源量46.7×10^{8}t，三级储量12.4×10^{8}t，其中探明储量5.2×10^{8}t。实现储量向效益的转变，对中国石油实现"原油1亿吨有效稳产""新疆大庆5000万吨建设"意义重大。

1.1 地质构造特点

玛湖凹陷位于准噶尔盆地西北缘地区，处于准噶尔盆地中央坳陷和陆梁隆起的西侧。玛湖凹陷三叠纪时期，主要接受来自西北缘山前物源所提供的大量陆源碎屑物，是最富油生烃凹陷，发育四大扇群，有利相带发育广，有利勘探面积近 $5000km^2$。

玛北斜坡区北接乌夏断裂带，构造格局形成于白垩纪早期，构造较为简单，基本表现为东南倾的平缓单斜，局部发育低幅度平台、背斜或鼻状构造，断裂较少。地层发育较全，自下而上有石炭系、二叠系、三叠系、侏罗系及白垩系，各层系均为区域性不整合。其中目的层三叠系百口泉组与二叠系下乌尔禾组之间缺失上乌尔禾组，为角度不整合。斜坡区处于盆地边缘与中心的过渡带，既接受了大量的边缘粗碎屑沉积，同时也接受了大量湖相泥岩沉积。既有砂砾岩，也有砂岩。

玛西斜坡整体构造为东南倾的单斜，地层发育较全，自下而上有石炭系，二叠系佳木河组、风城组、夏子街组、下乌尔禾组，三叠系百口泉组、克拉玛依组、白碱滩组，侏罗系八道湾组、三工河组、西山窑组、头屯河组及白垩系。其中二叠系与三叠系、三叠系与侏罗系、侏罗系与白垩系为区域性不整合。玛西斜坡区大部分区域，三叠系百口泉组与二叠系下乌尔禾组之间缺失上乌尔禾组，形成角度不整合。

玛南斜坡整体为一大型平缓的单斜构造，地层倾角 $3°\sim5°$，地层倾向东南，断裂较少。地层自下而上发育有二叠系佳木河组、风城组、夏子街组、下乌尔禾组、上乌尔禾组；三叠系百口泉组、克拉玛依组和白碱滩组；侏罗系八道湾组、三工河组、西山窑组、头屯河组、齐古组及白垩系。二叠系与三叠系、三叠系与侏罗系、侏罗系与白垩系为区域性不整合。

1.1.1 构造特征

玛湖凹陷斜坡区玛131井区块北接乌夏断裂带，局部发育低幅度平台、背斜或鼻状构造，断裂较发育。主要的断裂有夏2井断裂、玛13井北断裂、玛15井东断裂及夏9井北断裂等，各断裂要素见表1.1。

表1.1 玛湖斜坡区玛131井区块断裂要素表

断层编号	断层名称	断层性质	断开层位	目的层断距（m）	断层产状			
					走向	倾向	倾角（°）	延伸长度（km）
1	夏2井断裂	逆	P_1f—T_2k	20~80	北东	北西	10~80	>35
2	玛13井北断裂	逆	P_1f—T_2k	10~80	北东	北西	10~60	24
3	夏9井北断裂	逆	P_2w—T_2k	10~100	北东	南东	20~60	>13
4	玛15井东断裂	逆	P_1f—T_2k	10~50	南东	北东	30~60	10.5
5	玛131井东断裂	逆	P_2w—T_2k	10~30	南东	南西	75~85	6
6	夏94井北断裂	逆	P_2w—T_2k	10~50	北东	南东	30~60	9
7	夏89井东断裂	逆	P_1f—T_2k	10~50	南东	北东	30~60	7.2

玛西斜坡区与克百断裂带构造格局形成于白垩纪早期，构造较为简单，局部发育低幅度平台与鼻状构造，断裂较发育(图1.2和图1.3)。主要的断裂有艾湖1井西断裂、玛6井西断裂、

艾湖 6 井南断裂、艾湖 6 井北断裂、玛 18 井北断裂及玛 6 井北断裂等，断裂要素见表 1.2。

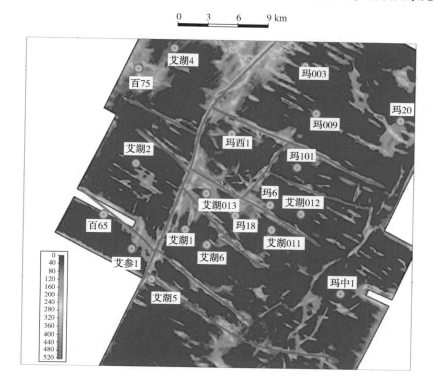

图 1.2　艾湖 1 井区百口泉组底界最大曲率增强平面图

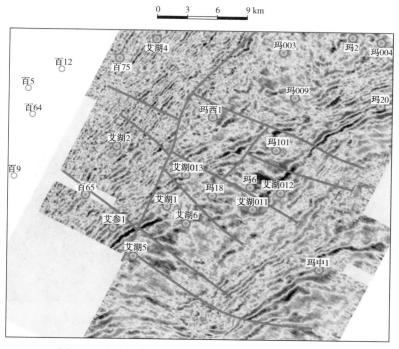

图 1.3　艾湖 1 井区三叠系百口泉组 3750ms 时间切片

表 1.2　玛西斜坡区断裂要素表

断层编号	断层名称	断层性质	断开层位	目的层断距（m）	断层产状			
					走向	倾向	倾角（°）	延伸长度（km）
1	艾湖 1 井西断裂	逆	P_1f—T_2k	10~50	北东	北西	60~80	30
2	玛 6 井西断裂	逆	P_2x—T_2k	10~20	北东	南东	55~65	8.3
3	艾湖 6 井南断裂	逆	P_1f—T_2k	10~20	北西	北东	75~85	8.6
4	艾湖 6 井北断裂	逆	P_1f—T_2k	10~20	北西	北东	75~85	11.7
5	玛 18 井北断裂	逆	P_1f—T_2k	10~20	北西	北东	75~85	15.6
6	玛 6 井北断裂	逆	P_1f—T_2k	10~20	北西	北东	75~85	10.3

玛南斜坡区玛湖 1 井区三叠系百口泉组油藏北部受玛 10 井断裂遮挡，其余方向受岩性尖灭线控制，断裂要素见表 1.3。

表 1.3　玛湖 1 井区块圈闭构造要素表

圈闭名称	层位	圈闭类型	高点埋深（m）	闭合度（m）	圈闭面积（km²）	构造走向	地层倾角（°）
玛湖 1 井断层岩性圈闭	T_1b	构造岩性	2935	525	55.8	NE	3~5

1.1.2　岩性特征

新疆油田玛湖地区地层自下而上发育石炭系，二叠系佳木河组、风城组、夏子街组和下乌尔禾组，三叠系百口泉组、克拉玛依组和白碱滩组，侏罗系八道湾组、三工河组、西山窑组、头屯河组及白垩系。剖面上地层岩性差异大，砂岩、泥岩、砾岩交错分布，其中侏罗系八道湾组厚层底部砾岩发育，三叠系克拉玛依组及百口泉组砂砾岩发育，厚度及粒径平剖面分布非均值性强。

侏罗系八道湾组（J_1b）底部砾岩主要由灰色细砾岩、灰色砾岩组成，胶结疏松，粒径一般为 20~50mm，最大达 80~90mm。从岩性上看横向变化大，纵向夹层多，砂砾岩粒径大小不均（图 1.4）。砾岩层平均厚度为 180~300m，且厚度向湖盆区"下斜坡"方向逐渐增加（图 1.5）。八道湾组煤层微裂缝发育，与三叠系白碱滩不整合接触，地层承压能力低，极易诱发井漏。

图 1.4　玛 158 井八道湾砾岩工程取心照片（2147~2152m 井段）

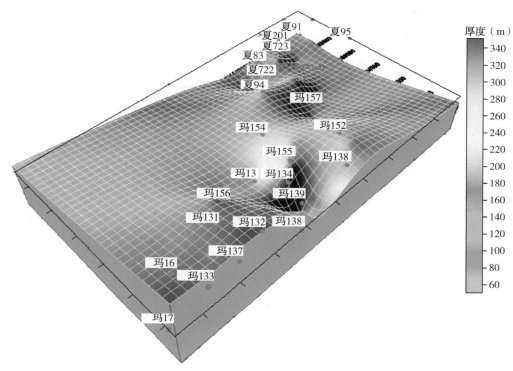

图1.5 玛131—夏72井区八道湾组砾岩厚度三维展布图

三叠系克拉玛依组(T_2k)上部地层以砂泥岩互层为主，下部地层以砂砾岩为主，砾石成分以泥砾为主，变质岩块次之，粒径大小不均，一般2~4mm，最大粒径达35~40mm（图1.6），地层平均厚度200~280m。

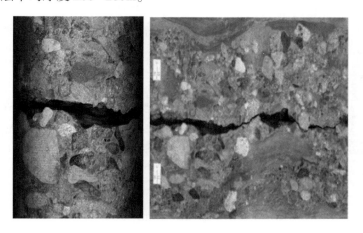

图1.6 三叠系克拉玛依组砂砾岩岩心照片

三叠系百口泉组(T_1b)砂砾岩中砾石成分以变质岩块为主，火成岩块次之，孔隙式钙泥质胶结，粒径分布非均值性强，一般10~50mm，最大粒径达65~85mm（图1.7），地层平均厚度150~200m。

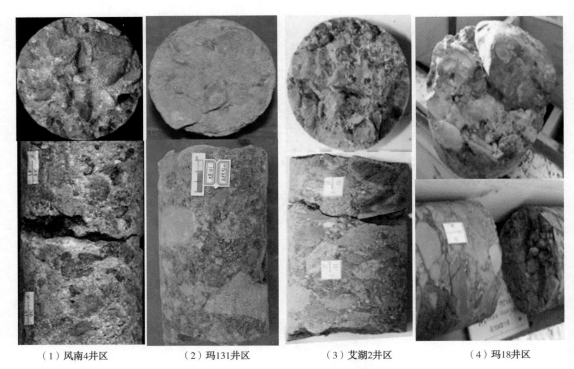

（1）风南4井区　　　　　（2）玛131井区　　　　　（3）艾湖2井区　　　　　（4）玛18井区

图1.7　三叠系百口泉组砂砾岩岩心照片

1.2　钻井工程特点

钻井复杂情况主要发生在侏罗系三工河组至三叠系克拉玛依组。复杂情况类型主要以井漏和阻卡为主（表1.4），其中井漏占总复杂情况的45.2%，阻卡占总复杂情况的50.4%（图1.8）。侏罗系八道湾组煤层微裂缝发育、砾岩胶结差、侏罗系与三叠系不整合接触及克拉玛依组砂泥岩互层造成地层承压能力低，易发生井漏复杂。侏罗系西山窑组（J_2x）煤层、三工河组（J_1s）砂泥岩互层、八道湾组（J_1b）煤层及三叠系克拉玛依组（T_2k）砂泥岩互层井壁稳定性差，易吸水垮塌掉快，井壁失稳掉快引起阻卡。

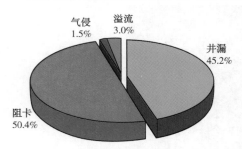

图1.8　钻井复杂情况统计饼状图

表1.4　玛湖地区钻井复杂统计表

复杂情况类型	K_1tg	J_2t	J_2x	J_1s	J_1b	T_3b	T_2k	T_1b	总计
井漏	1			1	21	8	18	3	61
阻卡	3	1	5	11	23	12	16	3	68
气侵	—	—	—	—	—	—	2		2
溢流	1	—	—	—	—	—	3		4
合计	5	1	5	13	46	20	34	11	135

1.2.1　井漏复杂分析

玛湖地区井漏复杂主要发生在侏罗系八道湾组、三叠系白碱滩组和克拉玛依组，漏失钻井液密度 $1.20 \sim 1.26 g/cm^3$（表 1.5）。主要原因是侏罗系八道湾组煤层微裂缝发育、底部砾岩胶结差、侏罗系与三叠系不整合接触及克拉玛依组砂泥岩互层造成地层承压能力低，易发生井漏复杂。

表 1.5　玛湖地区部分井井漏复杂统计表

井号	井深(m)	复杂层位	钻井液密度(g/cm³)	漏失量(m³)	复杂时间(h)
玛 18	2869	J_1b	1.24	17.5	4.1
	3305	T_3b	1.26	74.1	5.2
艾湖 1	3270	T_3b	1.25	14.2	8
	3270	T_3b	1.25	57.4	8
艾湖 011	2991	J_1b	1.24	40	6
	3225	J_1b	1.25	102	11
艾湖 013	2798	J_1b	1.23	38	9
艾湖 5	2109.75	J_1b	1.20	77	16
	2574.39	J_1b	1.22	105	6.7
	2884.72	J_1b	1.22	29.1	7.5
艾湖 6	3089	J_1b	1.26	55.2	27.5
玛 606	3230	T_3b	1.23	104.5	12.5
	3230	T_3b	1.25	100	8.67
玛 153_H	2795	T_2k_2	1.26	197	28.5
玛 137	2379	$J_1b—T_3b$	1.24	97	23.4
	2525	T_3b	1.24	63.6	8.5
玛 139	2487	J_1b	1.23	74	18
	2582	J_1b	1.22	72.6	16
	2810	J_1b	1.24	100	22
玛 136	2511	J_1b	1.26	37.7	8

1.2.2　阻卡复杂

玛湖地区钻井阻卡复杂主要是因井壁失稳掉块引起，侏罗系西山窑组（J_2x）煤层、三工河组（J_1s）砂泥岩互层、八道湾组（J_1b）煤层及三叠系克拉玛依组（T_2k）砂泥岩互层井壁稳定性差，易吸水垮塌掉快。地层普遍存在夹层、煤层，井壁稳定性差，易垮塌，阻卡多。J_2x 煤层、J_1s 砂泥岩互层、J_1b 煤层、T_2k 泥岩易垮塌，井壁稳定性差，井径扩径明显。

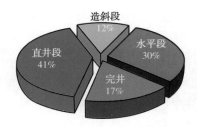

图 1.9 玛 131 井区水平井
不同阶段钻井时间占比图

1.2.3 钻井工期分析

统计分析玛 131 井区已完井水平井钻井工期各阶段构成，直井段钻进时间占钻井工期 41%、造斜段钻进时间占钻井工期 12%、水平段钻进时间占钻井工期 30%、完井时间占钻井工期 17%（图 1.9）。通过确定合理的技术套管下深降低复杂时率，造斜段优选出旋转导向+强攻击性钢体 PDC 钻头实现一趟钻，造斜段钻井时间 6~8 天（图 1.10）。

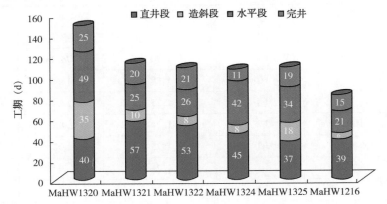

图 1.10 玛 131 井区水平井钻井工期构成图

1.2.4 工程难点

（1）压力系统复杂，区域压力变化大。夏 72 井区、玛 13 井区至玛南斜坡区百口泉组试油外推压力系数由 1.0~1.15 上升至 1.30~1.5；玛西斜坡区整体受二级坡折控制，下部百口泉组及乌尔禾组普遍存在异常高压，且横向压力变化明显。玛西斜坡区由艾湖 4 井至玛 18 井，地层压力逐步升高，百口泉组试油外推压力系数由 1.24~1.27 上升至 1.57~1.74。三叠系百口泉组属于异常高压地层，表现出高压低渗透的特性。

（2）玛西、玛南纵向多套压力系统，溢流、井漏同存，井身结构优化难度大。地层压力上低下高，侏罗系、白碱滩组为正常压力系统，克拉玛依组、百口泉组、乌尔禾组地层压力高。侏罗系地层承压能力低，若侏罗系地层同百口泉组及乌尔禾组高压地层处于同一裸眼井段，存在着安全密度窗口窄、容易造成溢流、井漏同存问题。

（3）漏失层段多、漏失压力低、漏失量大，安全密度窗口窄，防漏堵漏难度大。八道湾组煤层微裂缝发育、底砾岩胶结差，地层承压能力低（1.24~1.27g/cm³），易反复漏失。八道湾组与白碱滩不整合接触面，地层承压能力低，极易诱发井漏。

（4）岩性横向变化大，纵向夹层多，砂砾岩粒径大小不均，影响 PDC 钻头应用。八道湾组巨厚底砾岩及克拉玛依组夹层，影响 PDC 钻头机速和进尺。克拉玛依组地层岩性横向变化大，纵向上，夹层多、砂砾岩粒径大小不均、非均质性强。以砂泥岩互层为主，部分含砾。百口泉组砂砾岩砾径较大，且纵向厚度大（平均 150~200m）。一般砾径为 10~50mm，最大砾径为 65mm×85mm。砾石成分以变质岩块为主，火成岩块次之，孔隙式钙泥质胶结。

（5）水平井钻井时，井身结构设计（技术套管下深）和提速工具尤其是钻头优选对钻井工期的影响显著。

第 2 章　三维地应力建模及压力预测

2.1　静态三维地应力建模意义

一维地应力模型主要关注井的坐标点和井周地应力变化，有利于提高地应力研究成果的精度，而在实际应用中，通常以地质分层为基础，应用已钻井的测井资料并采用"测井曲线拉伸法"来指导邻井钻井设计工作，当设计井是直井或者斜度较小的井时，该方法能达到比较理想的效果。但是对断层多，构造相对复杂，并有较多设计井尤其是大斜度井及水平井的区块时，采用"测井曲线拉伸法"通常会产生较大的误差，这时需要考虑建立三维地应力模型。

三维地应力建模是油气田开发中的一个基础研究工作，但由于技术难度较大，没有得到普遍的应用。以地震解释的层位和断层数据建立构造模型为基础，整合区域地质、地震、测井和单井地应力研究成果，采用地质统计学中模拟相关计算方法得到三维地应力模型（上覆岩层压力、孔隙压力、最小水平应力、最大水平应力）和三维的岩石力学参数模型（单轴抗压强度、杨氏模量、泊松比、内摩擦系数、脆性指数等），并分析各参数的空间展布规律，特别是储层部分的空间变化规律。之后进行分层、沿着设计井的井轨迹提取各种参数进行对比、分析和回归，进行井壁稳定性分析和储层压裂改造等辅助研究工作。如果有新钻井资料，可对该三维地应力模型进行实时更新和调整。

当然，三维地应力研究尚处于摸索阶段，三维地应力不仅涉及地质、力学、模拟方法等方面的研究，还涉及模型范围的选取等工作。当采用 JewelSuite 地应力建模时，其基本流程为：首先建立工区的单井地应力模型和三维构造模型，之后通过属性模拟和计算分析得到静态三维地应力模型，主要包括上覆岩层压力、水平最大主应力、水平最小主应力、地层孔隙压力和岩石力学参数等，图 2.1 为静态三维地应力建模分析流程图。

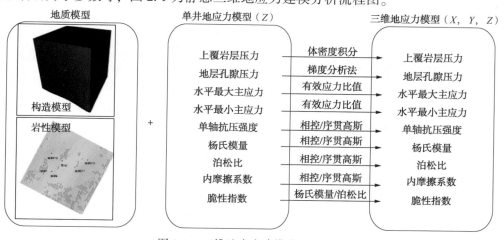

图 2.1　三维地应力建模分析流程图

2.2 静态三维地应力模型建立

描述地应力模型的主要要素包括上覆岩层压力、地层孔隙压力、最小水平主应力、最大水平主应力等，下面就各要素的计算方法进行介绍。

2.2.1 上覆岩层压力

上覆岩层压力由三维密度体的垂向积分，采用距离反比加权法（IDW）得到。距离反比加权法的基本原理：插值点的取值受该点周围影响，其值为各已知点的加权平均，权系数与插值点到各已知点的距离成反比，即：

$$Z_p = \frac{\sum_{i=1}^{n}(W_i Z_i)}{\sum_{i=1}^{n} W_i} \tag{2.1}$$

$$W_i = (d_i)^{-u} \tag{2.2}$$

式中　Z_p——待插值点取值；

Z_i——待插值点周围的已知点数值；

n——已知点个数；

W_i——各已知点对待插值点的权系数，其与各点到该点的距离成反比；

d_i——各已知点到插值点的距离；

u——距离的方次，该参数控制着权系数随着节点间距离的增加而下降的程度。

距离反比加权运算速度快，结果值介于已知点数值范围。该方法在已知点分布较为稀疏的情况应用效果较好，建立三维密度模型可分为以下几步：

（1）单井密度数据网格化，从地表开始，来自地质力学建模软件 GMI 成果；

（2）单井密度数据的相关分析；

（3）采用距离反比权重 IDW 插值方法得到三维密度体；

（4）积分获得上覆岩层压力。

2.2.2 断层模型

构造建模是三维储层地质建模的重要基础，构造建模主要包括三个方面内容：第一，通过地震及钻井解释的断层数据建立断层模型；第二，在断层模型的控制下，建立各个地层顶、底的层面模型；第三，以断层和层面模型为基础，建立一定网格分辨率的三维地层网格体模型。静态三维地应力模型都将基于该网格模型进行。

断层模型为一系列表示断层空间位置、产状及发育模式的三维断层面，主要根据地震断层解释数据，包括断层多边形、断层棍以及井断点数据，通过一定的数学插值，并根据断层间的截切关系对断面进行编辑处理而建立。

JewelSuite 软件是以三维建模技术为核心的一体化软件平台，其专有的网格化算法，可以快速精确的表征地下的复杂构造形态，解决了传统网格在复杂构造地区所遇到的问题。采用该软件进行断层模型建立过程可分为数据准备、断面生成和断面模型编辑三个步骤。

（1）数据准备。将工区的断层线数据输入到 JewelSuite 软件，并根据平面构造图落实建模工区内每条断层的类型、产状及切割关系。以玛 18—艾湖 1 井区百口泉组为例共 11 条断层，并且均是高倾角（倾角大于 75°）的逆断层。

（2）断面生成。根据导入的断层数据及特征，绘制工区 11 条断层（图 2.2），最后通过三角网格的插值方法计算生成断层面（图 2.3）。

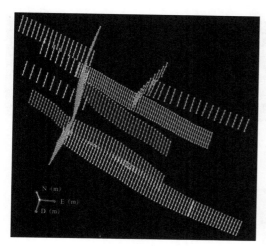

图 2.2　断层断棍图

图 2.3　断层断面图

（3）断面模型编辑。断层模型编辑主要是调整断面形态，使其与各类断层描述的信息协调一致，如直立断层，铲状断层等，处理断层之间的切割关系，如简单相交、Y 行相交等。

2.2.3　层面模型

层面模型为地层界面的三维分布，叠合的层面模型即地层格架模型。层面的建模数据主要是地震层面数据和井分层数据，通过数据插值而建立模型，算法的关键是能有效地整合井分层数据与地震层面数据。

（1）数据准备。

对三叠系 T_2k_1、T_1b_3、T_1b_2 和 T_1b_1 四个深度域的层面数据做井深校正，充分利用地震解释级别比较高的层面。在断层位置处无断裂，也无明显的断距，如图 2.4 所示。

（2）层面的处理。

根据所建立的精确的断层模型，把层面与断层相交处断裂开，如图 2.5 所示；由于工区断层均为逆断层，所以根据层面来区分断层上下盘，从而正确处理断层与层面交接关系。工区的静态三维地应力的上覆岩层压力是从地面算起，由于地面的层面数据获得难度较大，因此假定一个理想的地面（平面），建立面与断层框架如图 2.6 所示。

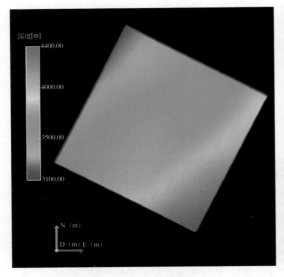

图 2.4　T_1b_1 层面图

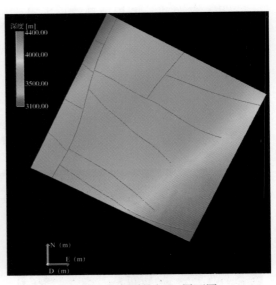

图 2.5　有断裂的 T_1b_1 层面图

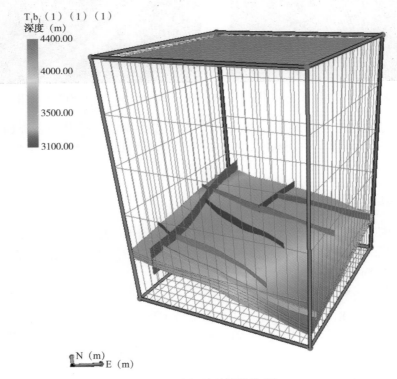

图 2.6　层面与断层框架图

2.2.4　构造模型

在建立的断层模型和层面模型基础上，针对各层面间的地层格架进行三维网格化，将三维地质体分成若干个单元网格，即可建立三维网格化地层模型——构造模型。地质建模中，三维网格类型主要包括正交和角点两种网格，采用 JewelSuite 软件的 JOA 正交网格进行处理。

（1）平面网格设置。

在平面上，分别沿 I 和 J 两个水平方向划分网格。网格的大小根据工区的地质体规模及井网井距而定，由于处于勘探开发评价阶段的油藏，井距一般都大于 2000m，因此将平面网格划分为 100m×100m。

（2）垂向网格设置。

在研究储层地应力及岩石力学参数的三维空间展布规律时，储层部分需精细划分，厚度取为 1m，而非储层部分只需粗略划分，故厚度取为 5m。

（3）三维网格化地层模型建立。

建立的三维构造模型如图 2.7 所示，其中逆断层的放大显示如图 2.8 所示。

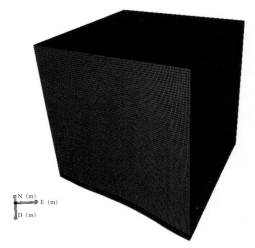

图 2.7　三维构造模型立体图

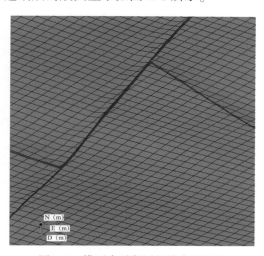

图 2.8　模型中逆断层的放大显示图

由距离反比加权方法获取工区三维密度体如图 2.9 所示。以三维密度体为基础，在三维构造模型中进行密度积分得到上覆岩层压力数据体如图 2.10 所示。

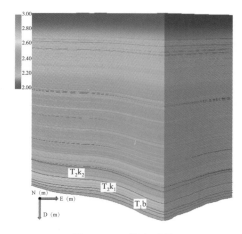

图 2.9　三维密度体

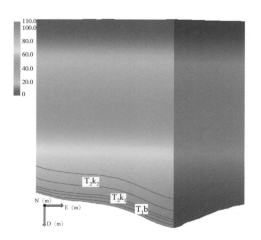

图 2.10　三维上覆岩层压力体

根据三维上覆岩层压力纵横向分布情况，可得到在三维空间中的上覆岩层压力展布规律。纵向上，提取艾湖 013—玛 18—艾湖 011 井的连井纵剖面图和 X、Y、Z 方向纵剖面（图 2.11），上覆岩层压力随埋深的增加呈增加趋势，至百口泉组，上覆岩层压力分布范围大概在 74~105MPa；平面上，提取 T_1b_2 和 T_1b_1 层上覆岩层压力的沿层平面图（图 2.12 和图 2.13），分析表明上覆岩层压力主要呈西北低、东南高的趋势，与区块的构造趋势基本一致，该分布规律主要受埋深影响。由于断层较陡且断距较小，因此断层对上覆岩层压力的三维分布影响不大。

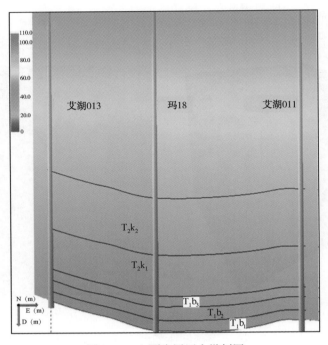

图 2.11　上覆岩层压力纵剖图

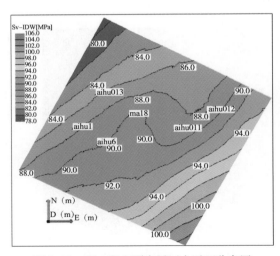

图 2.12　百一段上覆岩层压力平面分布图

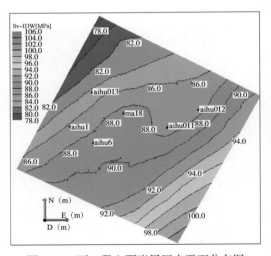

图 2.13　百二段上覆岩层压力平面分布图

2.2.5　三维地层孔隙压力

三维地层孔隙压力预测在三维静态地应力模型建立过程中比较复杂。孔隙压力与许多参数有关，纵向上不仅与深度有关，而且也与地层的欠压实情况有关，平面上受断块、地层的非均质性等因素影响。对 6 口单井艾湖 1 井、艾湖 6 井、玛 18 井、艾湖 011 井、艾湖 012 井和艾湖 013 井的孔隙压力分析得知，6 口井基本都在测深 3000m 左右开始由正常压力逐渐过渡为高压，至百口泉组达到异常高压，但是同一地层增加梯度不同，即使是同一断块增加梯度也不同，采用 JewelSuite 软件提供的参考面分析法建立三维孔隙压力体（图 2.14）。

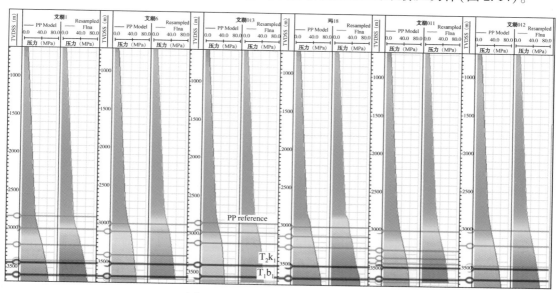

图 2.14　孔隙压力趋势模型分析图

根据单井孔隙压力的变化趋势建立孔隙压力趋势分析模型，该分析模型与原孔隙压力具有基本相近的变化规律，最后利用 6 口井的孔隙压力分析模型得到三维孔隙压力体（图 2.15 至图 2.17）。

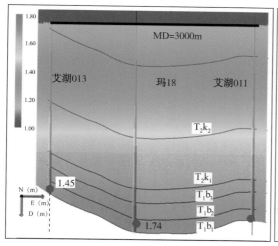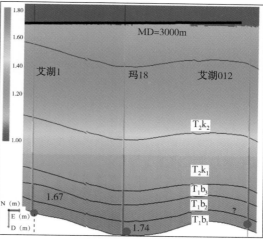

图 2.15　三维孔隙压力纵剖图

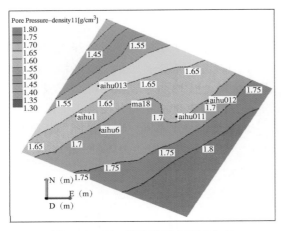
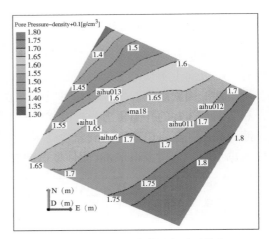

图 2.16　百一段孔隙压力平面分布　　　　图 2.17　百二段孔隙压力平面分布

根据模拟出的三维孔隙压力体(压力值采用当量密度表示)，分析其在三维空间的展布规律。纵向上，测深 3000m 以上为正常静水压力区域，当量密度为 1.03 g/cm³，3000m 以下逐渐过渡到高压区，百口泉段压力范围为 1.25~1.80 g/cm³，纵向上高压主要与地层的快速沉积导致欠压实有关。横向上，提取储层 T_1b_2 和 T_1b_1 层的孔隙压力等值线分布图，分析表明孔隙压力为西北低、东南高，呈近条带状分布，与构造趋势一致，从百口泉组顶 T_1b_3 到百口泉组底 T_1b_1，高压范围逐渐扩大，最高压力达到 1.80g/cm³，从区块的构造及沉积分析可知，玛 18—艾湖 1 井区为西北埋深较浅，而东南埋深较深的单斜，并且为扇三角洲沉积，构造的低部位正是扇三角洲前缘和前三角洲交接区域，该区域主要以泥岩为主，由于快速沉积而造成大面积欠压实，从而形成大片的异常高压区；断层由于断距小、倾角大，对孔隙压力分布影响不显著。

2.2.6　最小水平应力

最小水平应力是基于有效应力比值法计算获取的，其中三维上覆岩层压力和孔隙压力通过以上步骤模拟计算得到，因此，如果三维最小水平应力的有效应力比值为已知，就可根据有效应力比值方法计算出三维最小水平应力。

最小水平主应力有效应力比计算方法：

$$ESR_{S_{h\,min}} = (S_{h\,min} - p_p) / (p_v - p_p) \tag{2.3}$$

式中　$ESR_{S_{h\,min}}$——最小水平应力的有效应力比值；

$S_{h\,min}$——最小水平应力，MPa；

p_v——上覆岩层压力，MPa；

p_p——孔隙压力，MPa。

根据区块 6 口单井的最小水平主应力的有效应力比值分析可知，6 口井的最小水平主应力的有效应力比值在同一深度差别不大，因此，同三维密度体的建立方法一样，通过距离反比权重的模拟方法，得到三维最小水平主应力的有效应力比值数据体，根据上述公式反算即可计算出三维最小水平应力，计算结果如图 2.18 所示。纵向上，从地表至白碱滩组，随深度的增加最小水平应力呈减小的趋势，但从克拉玛依组到百口泉组底部，又随埋深的增加而呈增加趋势，最高值达 1.95g/cm³，该变化规律与 6 口单井趋势一致；平面上，提取百口泉

组 T_1b_2 和 T_1b_1 层的等值线分布图(图 2.18 至图 2.20，平面最小水平应力用 MPa 表示)，百口泉组平面上最小水平应力呈西北低，而东南高近似条带状的分布规律，与构造趋势基本一致，并且应力变化较平缓；由于断层断距小、倾角大，对最小水平应力分布影响不显著。

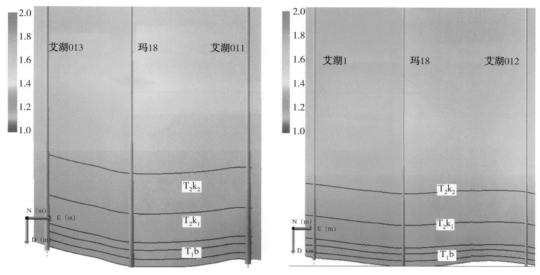

图 2.18　最小水平主应力纵剖图

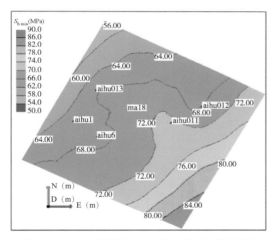

图 2.19　百一段最小水平主应力平面发布图

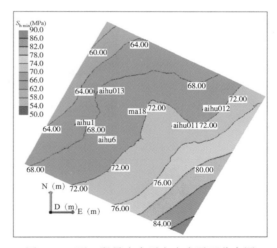

图 2.20　百二段最小水平主应力平面分布图

2.2.7　最大水平应力

最大水平应力同最小水平应力，也是基于有效应力比值法计算公式计算得到，其中三维上覆岩层压力和三维孔隙压力通过以上步骤为已知，因此，如果三维的最大水平应力的有效应力比为已知，就可计算出三维的最大水平应力。

$$ESR_{S_{h\,max}} = (S_{h\,max} - p_p)/(p_v - p_p) \quad (2.4)$$

式中　$ESR_{S_{h\,max}}$——最大水平应力的有效应力比；

　　　$S_{h\,max}$——最大水平应力，MPa；

p_v——上覆岩层压力，MPa；

p_p——孔隙压力，MPa。

工区整个三维体的最大水平主应力有效应力比定义为 1.123，计算得三维最大水平应力，计算结果如图 2.21 所示。根据三维的最大水平主应力，可对其空间展布规律进行分析。纵向上，最大水平应力随深度增加呈增加，百口泉组压力范围在 80~109MPa；平面上，提取储层百一段和百二段的最大水平主应力分布图（图 2.22 和图 2.23）。最大水平主应力呈西北低、东南高的分布规律，与构造埋深基本一致，从分布规律看，断层对最大水平应力无明显影响。

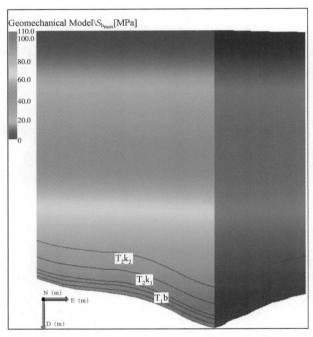

图 2.21　最大水平主应力纵剖面图

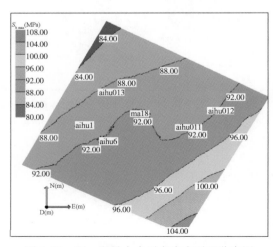

图 2.22　百一段最大水平主应力平面分布图

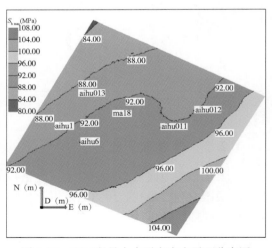

图 2.23　百二段最大水平主应力平面分布图

2.3　静态三维岩石力学参数模型建立

常用的岩石力学参数主要有杨氏模量、泊松比、内摩擦系数和脆性指数。在压裂设计及施工过程中，不仅需要知道井眼附近的岩石力学参数大小和地应力分布，而且需要厘清井间地层的岩石力学参数及应力变化特征。因此，在井眼较密，测井资料丰富的地区，以已钻井的岩石力学参数作为标准数据，对井间未知区域应用随机建模方法建立各参数的三维模型，在井少或者测井资料品质不好的区域，结合三维地震资料建立三维模型。

由于岩石力学参数与岩性密切相关，因此先建立百口泉组的三维岩性模型，在岩性条件约束下，应用随机模拟的方法得到三维岩石力学参数模型。

2.3.1　三维岩性模型

2.3.1.1　叠后分频反演

根据测井和地震数据，建立不同地层厚度下的振幅与频率之间的关系（AVF），将 AVF 作为独立信息引入反演，利用地震的低频、中频、高频带信息，减少薄层反演的不确定性，得到一个高分辨率的反演结果。其过程是一种无子波提取，无初始模型的高分辨率非线性反演。

反演问题本质上是通过地震资料同时求取子波和反射系数的过程，从数学上讲是一个病态问题，所以稀疏脉冲反演方法需先求一个子波，而模型反演依赖一个初始模型。分频反演则是依靠测井和地震数据建立振幅与频率（AVF）的关系，将 AVF 参与反演，无须子波提取和初始模型，可以更真实地反映地层接触关系，与井具有更高的吻合度，更准确反映砂体厚度变化及展布关系。

2.3.1.2　反演原理

（1）AVF 关系。

对于一个楔状模型，用不同主频的雷克子波与其褶积，得到一系列合成地震剖面，从而得到振幅与厚度在不同频率时的调谐曲线，如图 2.24(a)所示，对该图进行转换，就可以得到在不同时间厚度下振幅随频率变化（AVF）的关系，如图 2.24(b)所示。

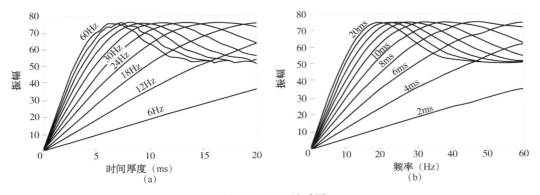

图 2.24　AVF 关系图

地震波形是波阻抗（AI）和时间厚度（H）的函数，反演时仅根据振幅同时求解 AI 和 H，即已知一个参数求解两个未知数，结果是多解的。AVF 展示了一个重要规律：同一地层在不同的主频频率子波下会展现不同的振幅特征。从图 2.24 中可知 AVF 关系非常复杂，很难用一个显式函数表示，需用支持向量机(SVM)非线性映射的方法在测井和地震子波分解剖面上找到这种关系，利用 AVF 信息进行反演。

（2）支持向量机(SVM)实现。

SVM 由 Vapnik 于 1992 年首次提出，它是一种类似神经网络的计算方法，可以作为模式分类和非线性回归，它是三个参数控制的学习方法，克服了神经网络所存在的诸如局部最优、过度学习和网络不稳定等问题，是统计学习和人工智能中非常先进的算法。

分频反演首先要对地震数据进行频谱分析，确定数据的有效频带范围，利用小波分频技术将原地震数据分成低频、中频、高频分频数据体，通过支持向量机(SVM)的方法计算出不同厚度下振幅与频率(AVF)之间的关系，将 AVF 关系引入反演，从而建立起测井目标曲线与地震波形间的非线性映射关系，得到反演结果。在分频反演过程中，由于加入 AVF 关系，有效地降低了反演的自由度。

2.3.1.3　反演流程

分频反演是有效频宽内的全频带约束反演，由于不涉及子波提取和建立初始模型，其计算过程较常规反演更为简单，主要工作流程如下：

（1）分频层位标定。

层位的标定和子波相位的确定是一个相互依赖的迭代过程，这也是影响常规反演的因素之一。分频反演是在合成记录初标定的基础上，直接在不同频带的道积分剖面上依次标定。具体做法如下：

① 在地震剖面上做合成记录进行初标定；

② 对三维地震体进行道积分处理，得到过井道积分剖面；

③ 利用波阻抗曲线的波组特征与不同频段道积分剖面对比、微调，必要时进行合理的拉伸、压缩。

（2）计算分频体。

分频反演具有较高分辨率，是一种全频带约束反演，它合理、有效地利用地震相对低频和相对高频，而发挥低频和高频作用的关键在于计算不同频率子波的分频体，具体做法如下：

① 在地震剖面上追踪目的层段的顶底界面；

② 随机抽取多条地震道进行频谱分析，掌握地震频带宽度、低频、主频、高截频等情况，设计分频参数；

③ 分频体计算，利用设计好的分频参数对地震数据进行分频，产生不同频段的数据体。

（3）建立地震分频体与测井曲线非线性映射关系。

分频体计算后，接下来就是要用支持向量机(SVM)建立地震分频体与测井曲线的非线性映射关系，具体做法如下：

① 利用井的测井曲线和解释层位建立低频模型；

② 利用支持向量机建立分频属性和目标之间的非线性关系，可进行多次学习，直到对反演结果满意为止。

2.3.1.4 反演结果

应用分频反演方法，根据三维地震数据和 6 口井的测井资料进行三维 GR 体反演。从单井反演结果与地震剖面对比特征来看，反演结果与实际地震剖面匹配良好(图 2.25 和图 2.26)。

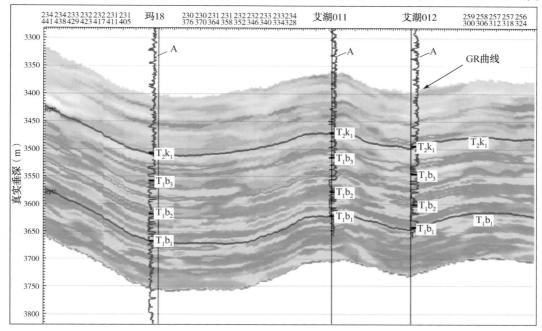

图 2.25 玛 18—艾湖 011—艾湖 012 井反演 GR 与实际地震剖面图
A—反演结果提取井旁道曲线

从单井反演结果与实际井曲线对比特征来看(黄色曲线为实际 GR 测井曲线，蓝色为反演结果提取的井旁道曲线)，反演结果与实际的测井 GR 曲线在 T_1b_1 段高度吻合(图 2.27)。

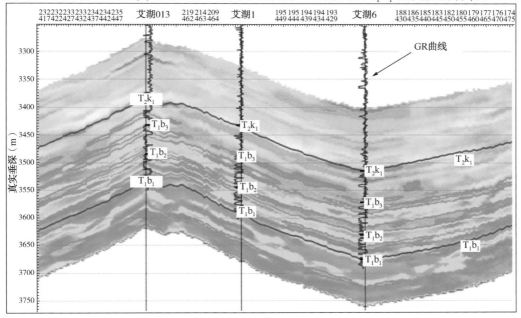

图 2.26 艾湖 013—艾湖 1—艾湖 6 井反演 GR 与实际地震剖面图

因此，可以应用三维 GR 体得到准确的三维岩性体，进一步提取 T_1b_1 段岩性模型（图 2.28），该层段主要以砂砾岩为主，砂砾岩连片分布，泥岩主要分布在工区东南边缘，该区域为扇三角洲沉积，物源方向为西北向，砂砾岩体位于扇三角洲平原和前缘，泥岩主要位于前扇三角洲，与地质沉积相认识完全一致。

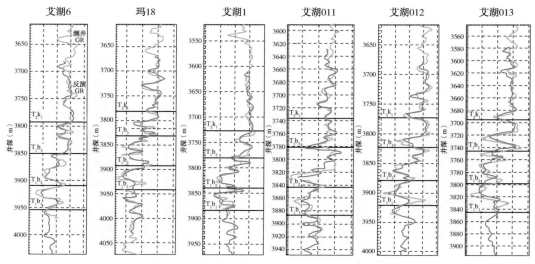

图 2.27　单井反演 GR 曲线与实际井曲线对比图

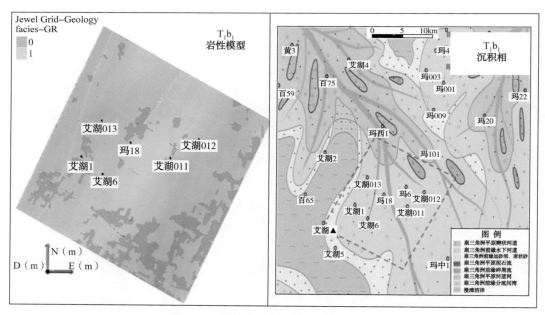

图 2.28　岩性模型与区域沉积相对比图

2.3.2　岩石力学参数三维模型

岩相建模重要意义之一就是在前期地质研究的基础上，描述目标层段岩相的分布规律，以此作为储层岩石力学参数建模的约束条件。序贯高斯模拟为一种应用高斯概率理论和序贯模拟算法产生连续变量空间分布的随机模拟方法。序贯模拟是从一个像元到另一个像元序贯进行的，而且用于计算某像元互补累积分布函数的条件数据除原始数据外，还考虑已模拟过的所有数据。从互补累积分布函数中随机地提取分位数便可得到模拟结果。

（1）连续变量 $Z(u)$ 的条件模拟的基本步骤如下：

① 对 Z 数据进行正态得分变换，确定研究区 Z 样品数据的条件概率分布累积分布函数（如果 Z 数据分布不均，则应先对其解串），转换成标准正态分布函数 Y 数据，并检验正态得分变换后 Y 数据是否符合双元正态性。如果符合，则可使用序贯高斯模拟方法，否则应考虑其他随机模型。

② 确定随机模拟路径，每次访问每个网格节点一次。每个结点 u 保留一定数量的邻域条件数据，包括原始 Y 数据和先前模拟的网格结点 Y 值。

③ 应用正态得分的变差函数模型和克里金方法，确定该结点处随机函数 $Y(u)$ 的互补累积分布函数的参数（均值和方差），并求取互补累积分布函数。

④ 从互补累积分布函数随机地提取一个分位数，即为该结点的模拟值 $Y(u)$。

⑤ 将模拟值加载到已有的条件数据组。

⑥ 沿随机路径进行下个节点 u 的模拟，一直到每个结点都走完为止。一旦所有位置 u 都被模拟，就可获得一个随机模拟实现。

⑦ 对 $Y(u)$ 的随机模拟实现进行反变换，得到变量 $Z(u)$ 的模拟实现结果。

整个序贯模拟过程可以按一条新的随机路径重复以上步骤，以获取一个新的实现。对于单纯应用井数据的序贯高斯模拟方法，输入参数主要为井数据（单井计算的杨氏模量、泊松比）、变差函数参数（变程、块金效应等）等。

（2）岩石力学参数模拟步骤如下：

① 单井数据网格化。同做相曲线网格化一样，做岩石力学参数模拟之前需要将井上的曲线提取到模型网格中。不过岩石力学参数这种连续型曲线的网格化方法与离散型曲线的方法选择略有差异，但均选用算术平均方法。

② 数据分析。对离散数据相模型进行质量控制和数据分析，在做数据变换之前，分析岩石力学参数在砂泥岩中的分布规律。序贯高斯模拟算法的要求对条件数据做正态变换，使得要模拟的条件数据尽可能趋近正态分布，并统计数据分布的各项特征值，用于约束随机模拟。

③ 建立岩石力学参数模型及分布规律。在数据质量控制和数据分析的基础上，采用序贯高斯算法对工区岩石力学参数（杨氏模量、泊松比、单轴抗压强度、内摩擦系数、脆性指数）进行了模拟，得到三维岩石力学参数模型，以 T_1b_1 段为例，分析其空间变化规律（图 2.29）。对杨氏模量，高值基本分布在砂砾岩中，并成片状分布，数值范围在 6.70 ~ 23.20GPa，低值分布在泥岩中，也为连片状分布，数值范围大小为 1.80 ~ 15.30GPa；对泊松比，其分布规律与杨氏模量相反，泥岩偏高，数值范围在 0.16 ~ 0.35，砂砾岩偏低，数值范围在 0.14 ~ 0.28；对单轴抗压强度，砂砾岩远高于泥岩，砂岩数值范围为 17.80 ~ 149.00MPa，泥岩为 1.70 ~ 61.60MPa。对内摩擦系数，砂岩数值范围为 0.60 ~ 0.90，泥岩为 0.50 左右。

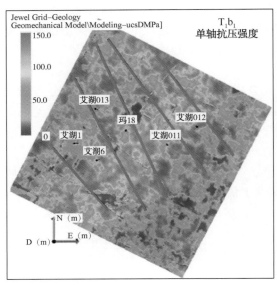
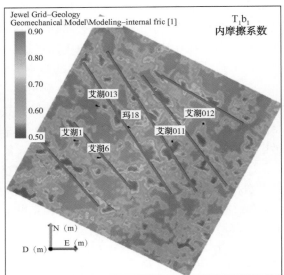
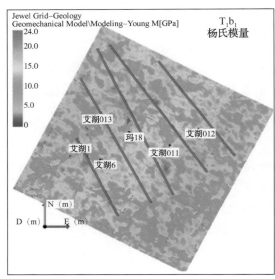
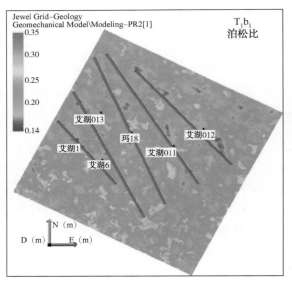

图 2.29 百一段岩石力学参数分布图

通过深入分析力学参数平面分布特征，认为岩石力学参数分布与古河流走向或沉积相带大体吻合。基于地震叠前反演的岩石脆性评价技术广泛采用归一化杨氏模量和泊松比方法，其结果受归一化参数影响较大。采用杨氏模量和泊松比的商 BI 作为脆性评价指标，以岩石力学实验结果对其进行检验，证明方法合理性与可靠性。

三维杨氏模量和泊松比通过模拟得到，三维脆性指数可直接计算得到，提取 T_1b_1 段 EPR 平面分布图（图 2.30），BI 范围为 $2 \sim 8$，结合单井应力应变曲线（图 2.31 和图 2.32）分析可知，工区整体 T_1b_1 段岩石脆性较差。

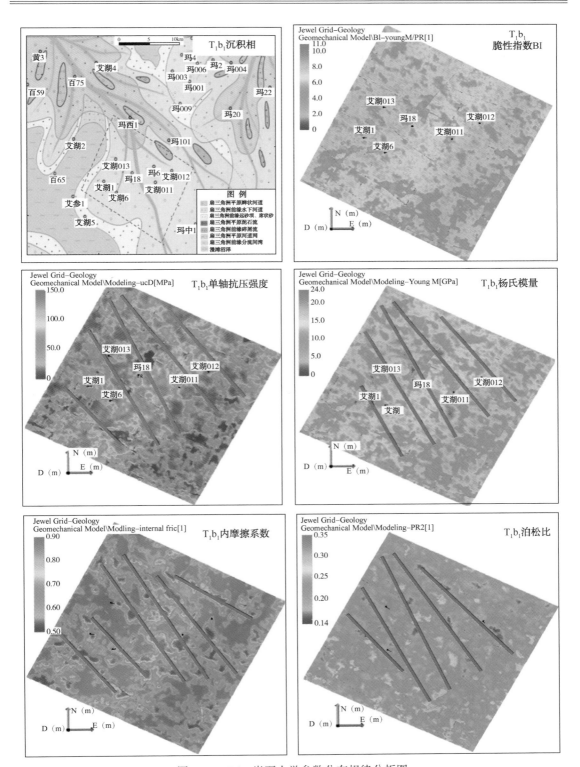

图 2.30　T_1b_1 岩石力学参数分布规律分析图

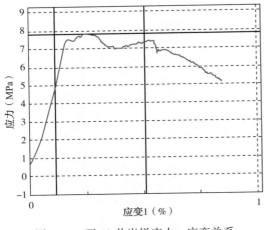

图 2.31　玛 18 井岩样应力—应变关系

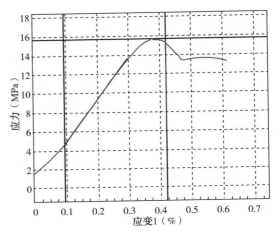

图 2.32　艾湖 1 井岩样应力—应变关系

2.4　地层压力预测方法

地层超压是影响钻井工程安全钻进的一个重大的地质问题，钻井工程与钻井安全、含油气系统研究等都需要掌握地层的压力情况。精确的钻前地层压力预测十分重要，可以合理设计有效的完井方法、井身结构、钻井液密度和钻井套管程序，这些都直接关系到钻探的成功率，也是安全快速钻进的保证。地层压力预测是利用地震、地质、测井结合录井、实钻、测试等资料，建立比较准确的地层孔隙流体压力剖面。

引起地层压力异常的原因不同，进行压力预测的方法机理也就不同，除了欠压实原因引起地层压力异常外，还有流体膨胀、孔隙度及岩性成分变化、构造挤压以及其他地质原因可能引起地层压力异常。针对欠压实机制引起的异常高压地层，压力预测一般采取压力梯度趋势法（依据等效深度原理）；针对流体膨胀等其他机制引起的异常高压地层，压力预测一般采取综合技术方法，此技术的基础是对垂直有效应力、上覆地层压力和地层孔隙压力之间关系的研究及解析，是对源自地震资料、测井资料的孔隙度、岩性变化及流体性质等信息的综合应用。

从 20 世纪 50 年代末至今，对地层孔隙压力确定方法的研究已有近 70 年的历史，形成了许多的方法。20 世纪 60 年代中期，Hottman 等首次提出了利用测井声波时差及电阻率资料估计地层孔隙压力的方法。按与钻井过程的先后关系可以将这些方法分为三大类：

（1）钻前预测方法。利用地震层速度等资料确定地层孔隙压力。预测精度主要取决于地震资料的品质、对地质条件及地层的了解程度及计算模型的合理性。过去常用的方法有等效深度法和直接计算法。实现压力预测的主要过程包括：①建立正常压实地层的速度变化趋势曲线；②分析地震速度异常，建立地层孔隙压力与速度异常的统计关系；③预测地层孔隙压力。

（2）随钻监测方法。利用钻井资料实时确定异常压力带及地层孔隙压力。常用的方法有 d_c 指数法、标准化钻速法、泥岩密度法等。

（3）钻后检测方法。利用测井资料确定地层孔隙压力，精度较前两种方法高。常用的有泥岩声波时差法、泥岩电阻率(电导率)法、泥岩密度法等。测井技术检测地层压力有精度高、可信度高、但相对滞后等特点。

进入 20 世纪 80 年代以来，钻井工程无论在深度、难度、技术进步等方面都发生了很大变化，主要的标志有：（1）MWD 和 LWD 的应用；（2）PDC 钻头使用；（3）钻探环境多样化；（4）钻探深度增加；（5）定向井、水平钻井及小井眼钻井技术的发展。传统的孔隙压力确定方法不能完全适应这种变化形势。为确保钻井安全，需要进行地层压力随钻预测，就是在钻井过程中对钻头下部未钻开的地层进行地层压力实时预测。地层压力预测仅依赖于钻前的地震资料或参考邻井的资料是不够的，需要在钻进过程中进行再处理和预测。

地震预测地层压力技术是建立钻前的地层压力预测剖面，而地层压力随钻监测是建立地层压力随钻监测剖面，把这两者有机地结合起来就能很好地进行地层压力随钻预测。在钻前利用地震测井等预测出一口井的地层压力剖面，形成预测压力模型；在该井钻进过程中，根据随钻的工程和地质参数进行地层压力监测，得出已钻井段的地层压力监测剖面，根据随钻监测的地层压力结果，对预测模型进行修正，地层压力预测结果就会越来越准确，更符合客观实际。

测井与地震技术联合进行地层压力预测，测井技术预测地层压力有精度高、可信度高等特点，缺点是只能在钻井结束后应用；地震技术预测地层压力可以大面积进行，且是钻前预测唯一可行的技术，但是其预测结果的精度略差，主要是速度资料精度不够高。人们尝试联合测井与地震技术来进行地层压力预测，该技术的核心是测井资料结合 VSP 资料、地震资料拟合、重构、外推远离井的速度场及未钻遇地层的速度参数。由于测井信息相对比较丰富，提取地震特征参数就成了此技术的关键。瞬时参数、自相关特征参数、自回归系数和基于功率谱的特征参数等都是被认可的参数。特征参数的提取方法、精度及类型的选择将直接影响到地层压力预测的效果。

2.4.1　地震资料预测地层压力方法

在钻前或已钻井较少的新探区地震资料是唯一可用于地层压力评价的资料，因此国内外普遍都很重视地震压力预测技术的研究和应用。地震一般采用纵波勘探进行测试，其速度是一个重要参数，也是地震预测地层压力的主要依据。地震纵波（下称地震波）在岩石中传播的速度受岩石的类型、埋深和结构的影响。岩石的类型不同，其密度和波速也不同。表 2.1 为某地不同岩石的实测波速和密度。地震波速与岩石的埋深有关，埋得越深则意味着压实作用越强。年代越久，密度越大，地震波速就越高。影响波速的主要因素还是岩石结构。从结构上讲，岩石是由矿物本身即岩石骨架和充填于孔隙中的流体组成。地震波在流体中传播的速度低于岩石固体骨架中的传播速度，因而，岩层孔隙度越大，岩石中所含的流体就越多，地震波速也就越低，即是地震波速度与孔隙度成反比关系。由于密度与孔隙度成反比，因此，地震波的速度与密度成正比关系。

表 2.1　某地岩层的实测地震波速度和岩石密度

岩石名称	地震波速度（m/s）	岩石密度（g/cm³）
土壤	200~800	1.1~1.2
砂层	300~1300	1.4~2.0
黏土	1800~2400	1.5~2.2

岩石名称	地震波速度（m/s）	岩石密度（g/cm³）
砂岩	2000~4000	2.1~2.8
石灰岩	3200~5500	2.3~3.0
岩盐	4500~5500	2.0~2.2
结晶岩石	4500~6000	2.4~3.4

由异常高压地层的成因可知，地层压力增高，往往孔隙度增大，岩石的密度减小，使地震波的速度降低，这就是地震预测地层压力的物理基础。在此基础上就能建立地震波速与地层压力的关系。如果地震波速随深度的增加而明显减低，便可认为有可能是异常高压的反映。根据波速与压力的关系就可预测异常压力带和估算压力。必须注意的是，高压地层往往引起地层波速的降低，而地震资料中低速现象却不一定都是压力异常的反映，这就容易造成波速的多解性。

地震预测地层压力是利用地震波的层速度进行计算的，按其要求和计算方式可分为直接预测法、等效深度法、比值预测法和图版预测法。其中直接预测法是指直接利用一些经验公式结合地震层速度直接计算地层压力，是最为常用的一种方法。国内常用以下基本方法预测地层压力。

（1）Fillippone 法。

Fillippone（1982）通过对墨西哥湾等地区的钻井、测井、地震等多方面资料的综合研究，提出不依赖于正常压实速度趋势线的计算公式：

$$p_p = \frac{v_{max} - v_{int}}{v_{max} - v_{min}} \cdot p_o \tag{2.5}$$

式中　p_p——预测的地层压力，MPa；

　　　v_{max}——孔隙度为零时岩石的声速，m/s；

　　　v_{min}——孔隙度为 50%时岩石的声速，m/s；

　　　v_{int}——计算出的层速度，m/s；

　　　p_o——上覆岩层压力，MPa。

式(2.3)实际上隐含了地层压力与速度之间呈线性变化这样一个假设，而实际的岩石未必符合线性变化规律。当 $v_{min} < v_{int} < v_{max}$ 时，压力的估算主要是靠线性内插的办法来求得。

（2）刘震法。

刘震（1990）通过对辽东湾辽西凹陷的压力测试资料的分析发现，在异常压力幅度不太大的中、浅层深度范围内，地层压力与速度呈对数关系，于是将 Fillippone 公式修正为：

$$p_p = \frac{\ln\left(\dfrac{v_{int}}{v_{max}}\right)}{\ln\left(\dfrac{v_{min}}{v_{max}}\right)} p_o \tag{2.6}$$

该方法由于其不依赖难以确定的正常压实趋势线，并且更符合岩石的沉积压实规律，因此特别适用于初探区。

（3）单点计算模型。

樊洪海（2002）根据地震资料的采集和存储特征，提出一种单点计算模型。所谓单点计算模型，指的是在由层速度计算地层压力时，将层速度和地层压力之间假设为简单的一一对应关系，即一个层速度点对应一个地层压力点，速度高算出的地层压力低，速度低算出的地层压力高，不考虑其他影响层速度的因素以及上下地层间的逻辑关系。如果地层岩性比较单一且以泥岩为主，则可以忽略砂岩或其他岩性夹层的影响，若异常高压成因以欠压实机制为主，单点算法有比较高的精度。在这种假设条件下，结合有效应力定理可以采用如下计算模型：

$$\begin{cases} v_{int} = a + kp_e - be^{-d}p_e \\ p_p = p_o - p_e \end{cases} \tag{2.7}$$

式中　v_{int}——地震层速度，m/s；

p_e——垂直有效应力，MPa；

a，k，b，d——经验系数；

p_p——地层压力，MPa；

p_o——上覆岩层压力，MPa。

该模型适用于泥质岩石且欠压实超压机制，利用该模型进行钻前地层压力预测需注意以下几点：

① 研究区的地层岩性是砂泥岩剖面，且以泥岩为主。另外，超压机制为欠压实机制，当然在新探区若无已钻井的详细分析，钻前难以确定超压机制。对于流体膨胀的超压机制，该方法预测的结果就会偏低。

② 该模型对于连续沉积地层预测效果好，特别是对于连续沉积的新生代地层适应性相当好。对于非连续沉积地层，应视不整合面以下地层的剥蚀程度来确定是否以不整合面为界分别确定预测模型的参数。

③ 对于地表剥蚀量很大的地区，使用时要特别注意，不能引用剥蚀量很小的邻区的模型参数，要单独分析确定。这种情况对于构造运动激烈的山前地区比较普遍。

获取地震层速度有多种途径，可以通过对地震资料进行井约束反演处理获得［深度—层速度］数据，若地震测线上没有已钻井，也无法进行井约束反演。对于资料较为缺乏的新探区，地震速度谱是地层压力预测的主要依据。

① 地震速度谱的选择。地震速度谱是地层压力预测最关键的资料，因而，必须力求使用高精度、高分辨率的速度谱。压力预测中使用较为方便的地震速度谱是由速度谱、能量变化曲线和共深度点道的波形记录组成。直观判断速度谱质量好坏的原则：

a. 多次反射波少，且能量团比较集中；

b. 叠加速度随深度变化的趋势比较好。

② 叠加速度数据的拾取。层速度是由速度谱中拾取的叠加速度数据通过计算获得的。因此，从速度谱中拾取的叠加速度正确与否将直接影响层速度求取结果的精度。

a. 拾取［时间—叠加速度］数据对时，应选择速度谱中能良好对应 CDP（共深度点）或CMP（共中心点）记录中反射轴和能量曲线中能量团的速度值，且这个速度值要位于速度趋势线附近；

b. 若使用的速度谱不是来自叠前偏移处理后的资料，则当地层倾角较大时（大于10°），需要对叠加速度进行倾角校正。

$$v_Q = v_f \cos\alpha \qquad (2.8)$$

或

$$v_Q = v_f \cos\left(\arcsin\frac{v_f \cdot \Delta T}{2\Delta x}\right) \qquad (2.9)$$

式中 v_Q——均方根速度，m/s；

$\quad\quad v_f$——速度谱中叠加速度，m/s；

$\quad\quad \alpha$——地层倾角，（°）；

$\quad\quad \Delta T$——地震剖面中 Δx 距离内反射层的倾斜时差，ms。

对拾取的 $[T_0，v_Q]$ 数据，视具体情况，用 $50\sim100$ms 的 T_0 时间间隔将速度 v_Q 进行三次样条插值。

③ 层速度的求取方法与步骤。由均方根速度通过如下的 DIX 公式计算层速度：

$$v_{int} = \sqrt{\frac{v_n^2 T_{0,n} - v_{n-1}^2 T_{0,n-1}}{T_{0,n} - T_{0,n-1}}} \qquad (2.10)$$

式中 v_n，v_{n-1}——第 n 和第 $n-1$ 个均方速度，m/s；

$\quad\quad T_{0,n}$，$T_{0,n-1}$——第 n 和第 $n-1$ 个 T_0 时间，s。

相应的深度可以通过两种方法求得，若已建立了时—深关系模型，则由时—深关系求得相应的深度。若无时—深关系模型，则按式（2.11）求取相应的深度：

$$H = \sum_{n=1}^{N} v_{int,n}(T_{0,n} - T_{0,n-1})/2 \qquad (2.11)$$

式中 T_0——双程时间。

但是，有时尽管拾取的［双程时间，均方根速度］数据点较多，但并不是所有的数据点都是合理的，需要去伪存真，进行一些判断处理。

④ 层速度的校正。如前所述，地震层速度既有随机误差又有系统误差。对一定区域范围内地震层速度系统误差可以进行分析并校正。可以通过与声波测井资料或 VSP 测井资料的对比分析，确定地震层速度的系统误差校正量，在预测前对地震层速度或层间传播时间数据进行误差校正。

在得到高精度速度场后，首先进行井中声波测井速度的正常压实趋势线和地震速度表现的正常压实趋势线交互对比研究，研究正常压实趋势线；然后可初步计算出压力场，进行多井压力系数误差分析，并据此调整压力计算参数，主要是校正经验系数，达到误差要求后形成压力数据体。当然不论初步成果，还是最终成果，均需进行空间网格化处理。图 2.33 为地层压力预测工作流程图。

2.4.2　利用地震资料预测地层压力

（1）地震速度处理（图 2.34）。

受制于地震速度精度以及 Dix 方程转换层速度的精度，地震速度预测地层压力精度不高。因此如何获得比较精确的层速度场是地层压力预测的关键。

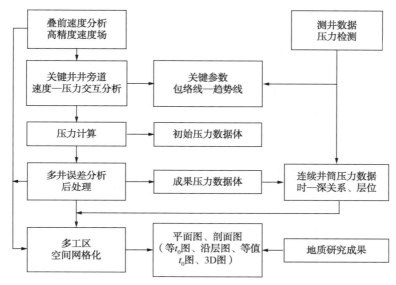

图 2.33　地层压力预测工作流程图

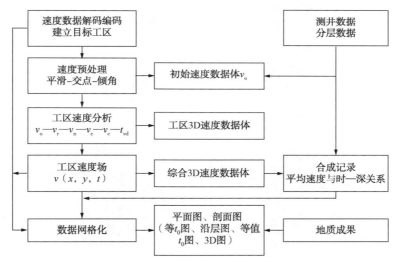

图 2.34　地震速度处理流程图

利用玛湖西环带连片地震速度，在面积 1500km² 区域内速度谱处理的采样间隔为 200ms 用于地震资料处理是可行的，但用于压力预测则精度太低，必须要有高精度的速度资料，以控制全区的速度格架。

（2）地震速度处理标定。

采用速度反演数据体或使用叠加速度数据提取地下速度参数，利用已钻井测井声波速度或 VSP 测井速度对井旁所提取的速度参数进行校正。

地震速度（叠加速度或偏移速度）可以看作是 RMS 速度，通过式（2.8）即可转换为层速度；但地震速度分析时采样间隔较大，处理软件可选择的最小采样间隔是 40ms。用声波测井资料作对比分析采样间隔能否较好地反映层速度的变化。首先按测井采样率将声波速度转换成 RMS 速度，然后分别用 10ms、20ms、40ms 和 60ms 的测井采样间隔将此 RMS 速度转换成层速度。通过对比分析，采样间隔为 10ms 采样时，不仅几个较厚的低速层很清楚，而且一些较薄的低速层也有反映；采样间隔为 40ms 采样时，则只能反映出几个较厚的低速层，一些较薄的低速层基本上没有反映；但采样间隔为 20ms 采样时低速层更清晰，边界也更清楚，低速层更薄一些；采样间隔为 60ms 采样时，虽然较厚的低速层也有反映，但不是很明显，且低速的幅度也有差别。RMS 速度转换成层速度时，采样间隔用 20ms 效果最好。

在采样间隔插值过程中，解释了 9 个控制层位，然后利用测井资料的声波趋势线和合成记录的时—深关系，在层位和测井声波速度趋势线的控制下，优选出合理的插值算法，把层速度采样间隔由原来的 200ms 插值到 20ms（图 2.35 和图 2.36）。

（3）井旁道地震压力预测模型标定。

正常压实趋势线与构造、沉积和岩性都有关，根据多口的测井资料压力分析结果知，正常压实趋势线纵向上存在 2 条正常压实趋势线，在侏罗系及其以上地层和三叠系、二叠系有不同的正常压实趋势线，由于侏罗系地层和三叠系地层压实程度不一致，造成不同的正常压实趋势线，如图 2.37 所示。

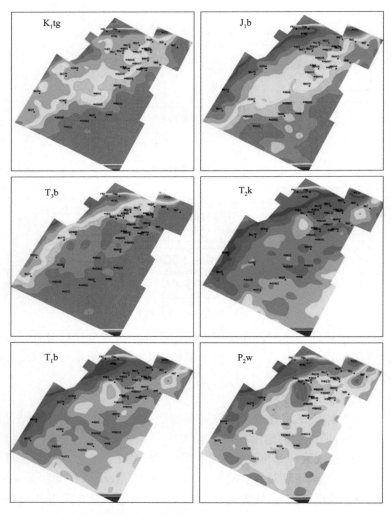

图 2.35　处理后的地震层速度平面图

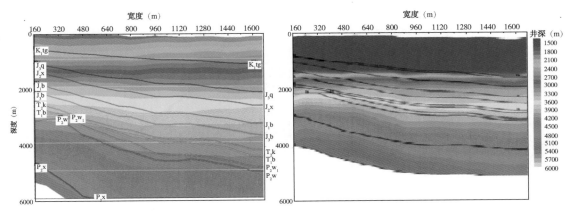

图 2.36　过 line360 测线处理前后的地震速度剖面对比图

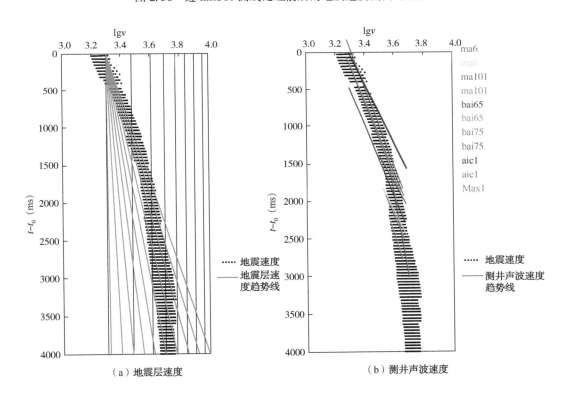

图 2.37　处理后的地震层速度和测井声波速度与趋势线对比

实际预测工作中，利用 10 多口井声波测井资料所得到的正常压实趋势线，建立一个正常压实速度场，求取正常压实速度倒数 Δt_n，实现正常压实趋势线的空变和时变。通过钻井实测压力系数与声波测井标定 a、k、b 和 d 经验系数。

（4）预测压力误差分析。

图 2.38 至图 2.41 是玛 6 井、玛 101 井、百 75 和百 65 井压力系数(井中实测或利用测井资料计算)与地震速度预测压力系数的交会图。结合表 2.2 可知，预测孔隙压力和检测孔隙压力趋势吻合良好，符合率达到 85%以上，满足工程需求。

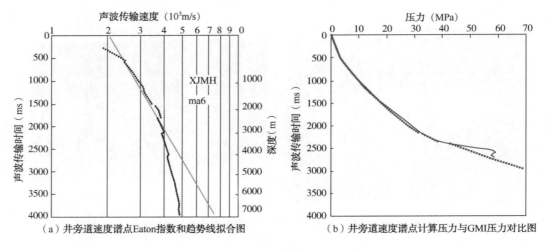

（a）井旁道速度谱点Eaton指数和趋势线拟合图　　　（b）井旁道速度谱点计算压力与GMI压力对比图

图 2.38　玛6井地层压力预测、检测结果对比

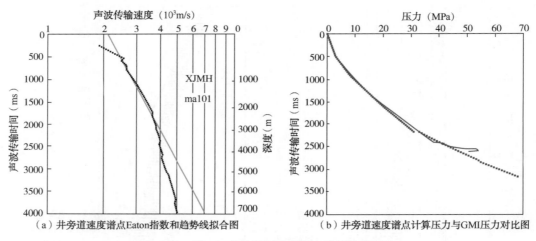

（a）井旁道速度谱点Eaton指数和趋势线拟合图　　　（b）井旁道速度谱点计算压力与GMI压力对比图

图 2.39　玛101井地层压力预测、检测结果对比

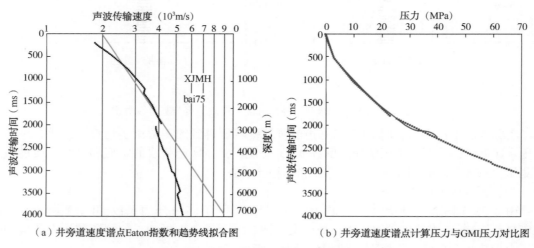

（a）井旁道速度谱点Eaton指数和趋势线拟合图　　　（b）井旁道速度谱点计算压力与GMI压力对比图

图 2.40　百75井地层压力预测、检测结果对比

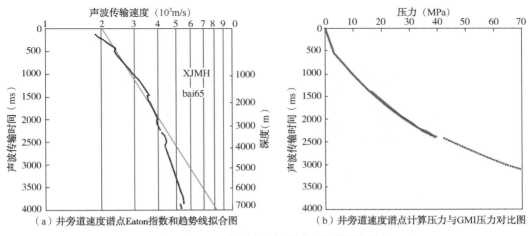

（a）井旁道速度谱点Eaton指数和趋势线拟合图　　　（b）井旁道速度谱点计算压力与GMI压力对比图

图 2.41　百 65 井地层压力预测、检测结果对比

表 2.2　玛 6 井预测、实测压力对比表

井深（m）	地震预测压力系数	实测压力系数	符合率（%）
2576.5	1.08	1.13	95.6
3711.0	1.45	1.43	98.6

2.4.3　建立玛湖西环带地层压力预测三维数据体

处理标定的地震速度，加载根据标定的地震压力预测模型，建立玛湖西环带 1500km² 的地层压力预测三维数据体。图 2.42 至图 2.51 玛湖西环带地层压力预测剖面图和平面图。

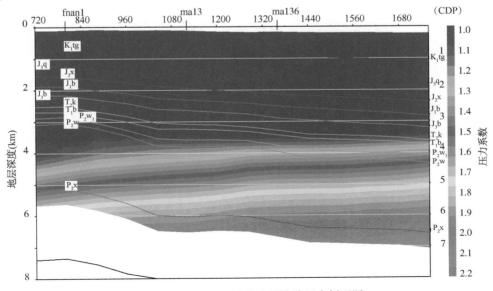

图 2.42　BLPL920 测线地层孔隙压力剖面图

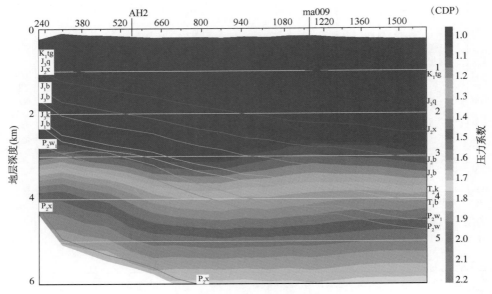

图 2.43 BLPL360 测线地层孔隙压力剖面图

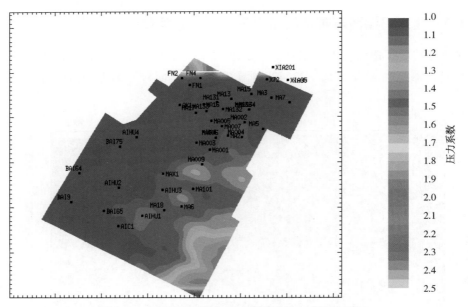

图 2.44 玛湖西环带白碱滩组地层压力系数平面图

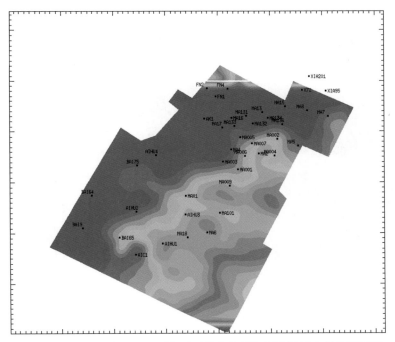

图 2.45 玛湖西环带克拉玛依组地层压力系数平面图

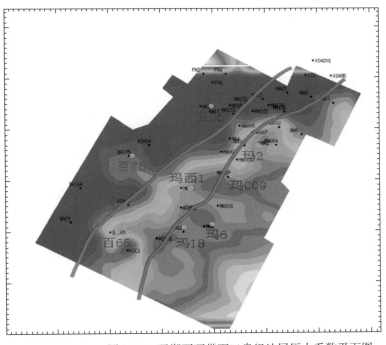
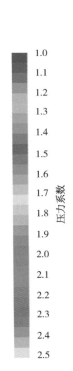

图 2.46 玛湖西环带百口泉组地层压力系数平面图

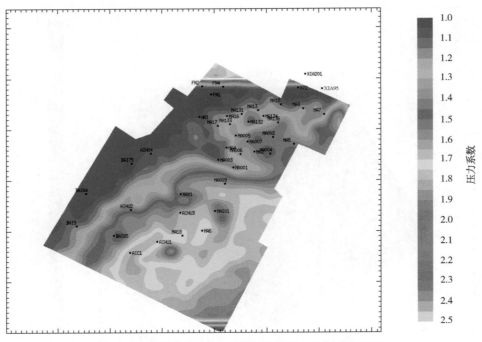

图 2.47　玛湖西环带乌尔禾组地层压力系数平面布图

2.5　地层压力纵向和平面分布

2.5.1　玛湖地区纵向压力分布

（1）玛南斜坡区。

玛南斜坡区白碱滩组以上为正常压力，克拉玛依组压力系数为 1.15，乌尔禾组压力系数为 1.25，风城组压力系数为 1.25～1.30，如图 2.48（a）所示。

（2）玛东斜坡区。

玛东斜坡区白碱滩组以上地层为正常压力系统，白碱滩组地层为压力过渡带（压力系数为 1.20），百口泉组、乌尔禾组地层压力系数为 1.28，如图 2.48（b）所示。

（3）玛西斜坡区。

玛西斜坡区白碱滩以上地层为正常压力系统，上克拉玛依组为压力过渡带，百口泉组为异常高压（孔隙压力范围在 1.3～1.7），如图 2.48（c）所示。

2.5.2　玛湖地区平面压力分布

玛湖地区平面上目的层地层压力由斜坡区向湖盆区逐渐增大，压力系数由 1.0 升高至 1.66（图 2.49）。剖面上白垩系和侏罗系为正常压力系统，压力系数为 1.0，三叠系白碱滩组为压力过渡带，克拉玛依组压力抬升，至百口泉组达到异常高压，压力系数最高为 1.66。

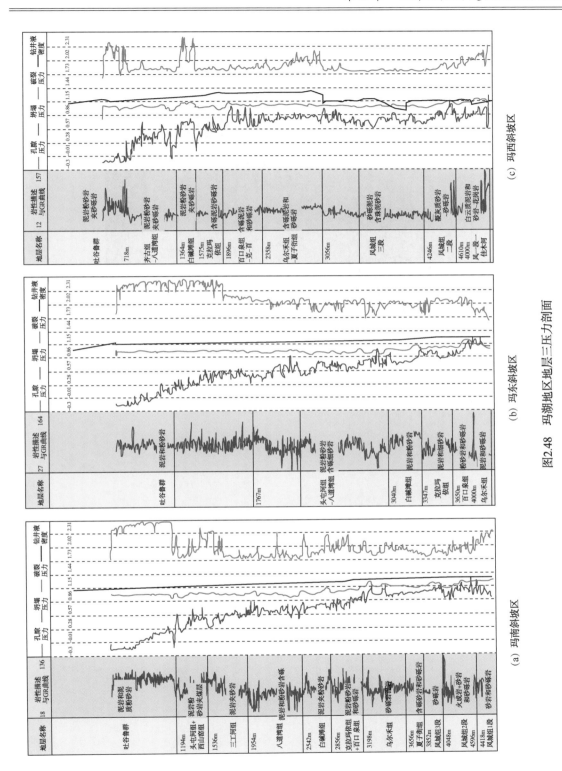

(a) 玛南斜坡区　　(b) 玛东斜坡区　　(c) 玛西斜坡区

图2.48　玛湖地区地层三压力剖面

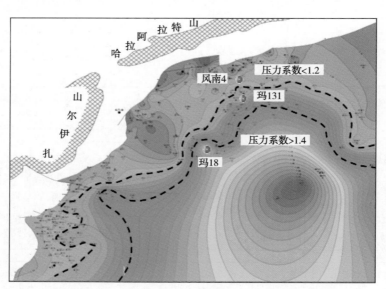

图 2.49　玛湖地区三叠系百口泉组地层压力平面分布图

第3章　井身结构优化设计

井身结构设计的合理性在很大程度上依赖于设计者对钻井地质环境(包括岩性、地下压力特性、复杂地层的分布、井壁稳定性、地下流体特性等)的认识程度和钻井装备条件(套管、钻头、井口防喷装置、钻具等)以及钻井工艺技术水平(钻井液工艺、注水泥工艺、井眼轨迹控制技术、操作水平等)。当然也需要有科学的设计思路和方法。随着人们对钻井地质客观规律的深入认识、钻井装备条件的日益改善以及钻井工艺技术的不断进步和发展,固有的经验性的井身结构设计模式已不能适应实际钻井条件,需要改进和更新,以获得更加合理的井身结构。

3.1　井身结构设计理论基础

3.1.1　井身结构设计原则与依据

(1)井身结构设计的原则。

开展井身结构设计,必须满足以下原则:①符合"安全第一、科学先进、保护环境、实用有效"的原则,满足安全、环境与健康体系的要求;②科学有效地保护和发现油气层,有利于地质目的的实现;③尽可能避免"喷、漏、塌、卡"等复杂情况产生,为全井顺利钻井、试油(气)、开采创造条件;④钻头、套管及主要工具易配套,有利于生产组织运行;⑤钻井成本经济合理;⑥采用先进的钻井工艺、钻井工具,体现井身结构设计的科学性与先进性。

(2)井身结构设计的主要依据。

依据井身结构设计的原则,完成井身结构合理设计的主要依据一般有:①根据平衡地层压力钻井原则,确定钻井液密度;②钻下部地层采用的钻井液,产生的井内压力不到压破上层套管鞋处地层以及裸露的破裂压力系数最低的地层;③下套管过程中,井内钻井液柱压力与地层压力之间的差值,不致产生压差卡套管事故;④考虑地层压力设计误差,限定一定的误差增值,井涌压井时在上层套管鞋处所产生的压力不大于该处地层破裂压力;⑤应依据钻井地质设计和邻井钻井有关资料制定,优化设计时层次与深度应留有余地;⑥含硫化氢地层、严重坍塌地层、塑性泥岩层、严重漏失层、盐膏层和暂不能建立压力曲线图的裂缝性地层均应根据实际情况确定各层套管的必封点深度;⑦根据当前钻井工艺技术水平,同时考虑钻井工具、设备的配套情况,进行综合考虑。

通常在钻异常高压层段前先封隔易漏失层位,在钻正常压力层段时先隔开异常高压层,不同压力层系地层或需采用密度相差较大的钻井液来控制的地层不处于同一裸眼段,避免过长的裸眼。

3.1.2 井身结构设计方法

3.1.2.1 传统套管柱设计理念

传统井身结构设计遵循的基本原则：在有效保护油气层的前提下，最大限度地保证裸眼井段的安全钻进，避免钻进过程中发生漏、喷、塌、卡事故，确保钻井施工安全，顺利钻达目的层。设计的基本依据是所钻地区的地层特性剖面、地层孔隙压力剖面、地层破裂压力剖面、地区井身结构设计系数以及已钻井的资料等。设计的基本原理是根据裸眼井段的力学平衡关系，使每两层套管之间的裸眼井段满足以下力学平衡方程。

防井涌的力学关系式为：

$$\rho_{max} \geqslant \rho_{p\,max} + S_b + \Delta\rho \tag{3.1}$$

防压差卡钻的力学关系式为：

$$(\rho_{max} - \rho_{p\,min})H_{p\,min} \times 0.098 \leqslant \Delta p \tag{3.2}$$

防漏的力学关系式为：

$$\rho_{max} + S_g + S_f \leqslant \rho_{f\,min} \tag{3.3}$$

关井时防漏的力学关系式为：

$$\rho_{max} + S_f + S_k H_{p\,max}/H_{c1} \leqslant \rho_{fc1} \tag{3.4}$$

式中　ρ_{max}——裸眼井段使用的最大钻井液密度，g/cm³；

$\rho_{p\,max}$——裸眼井段钻遇的最大地层孔隙压力当量密度，g/cm³；

$\rho_{p\,min}$——裸眼井段钻遇的最小地层孔隙压力当量密度，g/cm³；

$\rho_{f\,min}$——裸眼井段钻遇的最小地层破裂压力当量密度，g/cm³；

ρ_{fc1}——上一层套管鞋处的地层破裂压力当量密度，g/cm³；

$H_{p\,min}$——裸眼井段最小地层孔隙压力当量密度所处的深度，m；

$H_{p\,max}$——裸眼井段最大地层孔隙压力当量密度处的井深，m；

H_{c1}——上一层套管的下入深度，m；

S_b——抽汲压力（当量密度），g/cm³；

S_g——激动压力（当量密度），g/cm³；

S_f——地层破裂压力安全增值，g/cm³；

S_k——井涌允量，g/cm³；

Δp——压差卡钻允值，MPa；

$\Delta\rho$——附加钻井液密度，g/cm³。

传统的设计方法是自下而上、自内而外逐层确定每层套管的下入深度。其步骤是：

（1）从目的层深度 D 开始，根据上述裸眼井段须满足的约束条件，向上确定出安全裸眼井段的长度 L_1，从而确定出第一层技术套管应下入的深度 $D_1 = D - L_1$。

（2）从第一层技术套管应下入的深度 D_1 开始，按照同样的方法确定出 D_1 上部的安全裸眼井段的长度 L_2，从而确定出第二层技术套管的应下入深度 $D_2 = D_1 - L_2$。依此类推，一直到井口，逐层确定出每层套管的下入深度。

按照这种传统的方法设计出的井身结构，每层套管下入的深度最浅，这样可使套管费用最少，但是上部套管下入深度的合理性取决于对下部地层特性了解的准确程度。也就是说，其设计结果的可靠性是以对下部地层的岩性特征、地层压力特性的充分了解为前提条件。这种以每层套管下入深度最浅、套管费用最低为目标的设计方法，非常适用于已探明地区开发井的井身结构设计。但对于深井、超深井，尤其是新探区的第一口新探井的井身结构设计，由于对下部地层的特性了解不充分，就难以应用这种传统的方法自下而上合理地确定每层套管的下入深度。

对于新探区，如果根据粗略掌握的下部地层资料用传统方法设计出了井身结构，而在实钻过程中下部地层的特征发生了变化，根据原来掌握的地层资料所设计的套管又已经下入井内，这样就有可能由于上部套管下入深度不合理而给下部井段的钻进带来麻烦。因此，应结合深层钻井，尤其是深探井钻井的特点，对现有井身结构设计方法进行改进。

3.1.2.2　自上而下套管柱设计理念

对于深层钻井，尤其是深探井钻井来说，在对所钻地区深层的地质情况不清楚的情况下，深层钻井的井身结构设计不应以每层套管下入深度最浅、套管费用最低为首要目标，而应以确保钻井成功率、顺利钻达目的层为首选设计目标。要提高成功率，就必须有足够的套管层次储备，以防止钻遇未预料到的复杂层位时能够及时封隔，并继续钻进，同时希望上部大尺寸套管尽量下入得深一些，以便在下部地层的钻进时有一定的套管层次储备和不至于用小尺寸井眼完井。但目前国内现行套管×钻头系列所提供的套管层次有限，只能有 2~3 层技术套管，也就是说，只能封隔钻井过程中的 2~3 个复杂层位。在这种情况下，希望每一层套管都能尽量发挥最大作用，即希望上部裸眼尽量长些，上部大尺寸套管下入深度尽量大一些，以便在下部地层的钻进中有一定的套管层次储备，且不至于用小井眼完井。

根据生产井和深探井钻井条件及要求，可以采用自上而下的设计方法。这种设计方法的基本依据除了所钻地区的地层特性剖面、地层孔隙压力剖面、地层破裂压力剖面、地区井身结构设计系数以及已钻井的资料外，还考虑了井壁坍塌压力对井身结构设计的影响。具体方法是将式（3.1）变为防井涌、井塌力学关系式：

$$\rho_{\max} \geqslant \max\{(\rho_{p\,\max}+S_b+\Delta\rho),\ \rho_{c\,\max}\} \tag{3.5}$$

式中　$\rho_{c\,\max}$——裸眼井段钻遇的最大井壁坍塌压力的当量钻井液密度，g/cm^3。

式（3.4）和式（3.5）即作为改进的井身结构设计方法中每两层套管之间的裸眼井段应满足的压力平衡约束方程。

在实施改进的设计方法时，是自上而下、由外向内逐层确定每层套管的下入深度。具体步骤：首先根据当地地层资料并参考传统设计方法的结果，确定出表层套管的下入深度 H_b。根据裸眼井段应满足的约束条件，自深度 H_b 向下确定出安全裸眼井段的长度 L_{a1}，从而确定出第一层技术套管应下入的深度 $H_{j1}=H_b+L_{a1}$。然后，再从 H_{j1} 开始，按照同样的方法确定出 H_{j1} 下部的安全裸眼井段的长度 L_{a2}，从而确定出第二层技术套管的应下入深度 $H_{j2}=H_{j1}+L_{a2}$。依此类推，一直到目的层位，逐层确定出每层套管的下入深度。

从以上设计步骤可知，改进的设计方法所确定的每层套管的下入深度都是根据该深度以上地层的资料确定的，不受下部地层的影响，这有利于实钻过程中井身结构的动态设计和调整。设计结果可以使每层套管的下入深度最深，从而有利于保证顺利钻达目的层位。将传统设计方法与改进设计方法联合应用，并将两个设计结果进行比较，可以给出每层套管的合理下入深度区间。

3.1.2.3 必封点确定及中间向两边推导的设计方法

目前，套管层次及下深主要是依据井眼与地层的压力平衡与稳定来进行的，这种以井内压力平衡为基础，以压力剖面为依据的设计方法中，并没有将井身结构设计的所有因素都考虑进来，这些没有包括进来的因素是以必封点的形式引入井身结构设计中的。必封点深度的选择在井身结构设计中具有重要意义，它不仅是对以压力剖面及设计系数为基础的设计方法的补充和完善，而且也能检查设计人员对所设计井的认识程度和现场工作经验。

必封点形成的主要原因和类型：

（1）易坍塌页岩层、塑性泥岩层、盐岩层、岩膏层等。在钻井施工中它们是以坍塌、缩径等形式出现，多数情况下控制这些层位的合理钻井液密度是未知的，而且与地层裸露时间有关；

（2）一般情况下，地层破裂压力剖面没有包括裂缝溶洞、破裂带地层、不整合交界面型的漏失，当钻至这些层位时，钻井液柱压力稍大于地层压力即发生井漏，而且浅部疏松地层的地层破裂压力预测方法还不完善；

（3）低压油气层的防伤害问题；

（4）井眼轨迹控制等施工方面的特殊要求；

（5）表层套管的下入深度要满足当地政府有关的法律法规及环境保护要求，一般需要封隔浅部疏松层、淡水层，有时还受到浅层气的影响；

（6）在采用欠平衡压力钻井时，为了维持上部井眼的稳定性，通常将技术套管下至产层顶部。

必封点包括工程必封点和地质复杂必封点。工程必封点可根据压力剖面计算出套管的下深位置，作为其深度位置。地质复杂必封点则可根据所钻遇的地层岩性来考虑其位置，具体考虑因素如下：

（1）浅部的松软地层是一些未胶结的砂岩层和砾石层，地层特点是疏松易塌，钻进过程一般采用高黏度钻井液钻穿后下入表层套管封固；

（2）为安全钻入下部高压地层而提前准备一层套管并提高钻井液密度；

（3）封隔复杂膏盐层及高压盐水层，为钻开目的层做准备；

（4）钻开目的层；

（5）考虑备用一层套管，以应对地质加深的要求和应对预想不到的井下复杂情况发生。

自中间向两边的设计方法是根据地层参数和地层压力数据，首先确定必封点的位置，由必封点的数量确定需要下入的技术套管层次，再结合常规设计方法确定技术套管下深是否合适以及表层套管和油层套管的尺寸和下深，实现从中间向两边推导的设计方法。

通过现场实践可知，自下而上的设计方法为传统的设计方法，可以确定每层套管的最小下深，经济性高，适用于勘探开发比较成熟的地区。

自上而下的设计方法为在已经确定了表层套管下深的基础上，从表层套管鞋处开始向下逐层设计每一层技术套管的下入深度，直至目的层位。有利于保证实现钻探目的，顺利钻达目的层位。

自中间向两边推导的方法尤其适应于高压深层气井，首先考虑在高压气层之上套管的抗内压强度，选择合适的技术套管，然后根据地层的各种压力和必封点的情况向两边推导，可以保证钻井过程中发生溢流后压井的安全。

3.2 直井井身结构优化

以环玛湖凹陷斜坡带地层压力系统分布规律研究结果为依据，结合实钻过程中对地层的认识和工程复杂的经验总结，针对不同开发阶段、不同井型，应用井身结构设计的基本理论，对玛湖凹陷不同区块进行了井身结构优化设计。

3.2.1 玛131—夏72井区井身结构简化

针对20世纪90年代的玛北油田标准的三开结构，通过对技术套管下深进行优化，缩短了技术套管下深；然后从标准三开结构尝试二开井身结构，即ϕ311.2+ϕ215.9mm复合，预留一层技套，到最终简化为ϕ444.5+ϕ215.9mm二开结构。

通过钻头优选和钻井液体系优化，玛北斜坡区井身结构成功简化为二开结构，设计成熟，进行推广应用。图3.1给出玛北斜坡区域的井身结构简化演变过程。

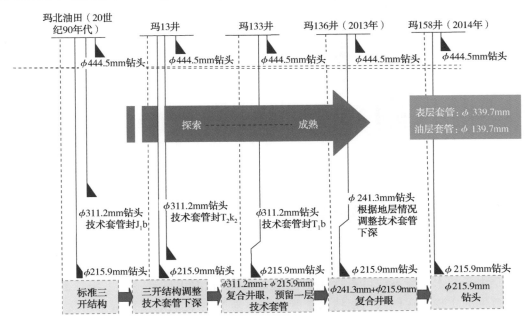

图 3.1 玛北斜坡区域的井身结构简化演变过程

在玛北斜坡区，侏罗系及其以上地层为正常压力；三叠系一般为压力过渡区，三叠系以下地层压力相对较高（当量密度为1.10~1.17g/cm³），地层压力整体呈正常。在靠近斜坡带上坡折带，井壁稳定性分析表明，整个井段不存在技术套管必封点，二开有效压力窗口当量密度为1.2~1.5g/cm³，地层压力正常。井眼在注意克拉玛依组上部地层泥岩较发育段井壁稳定性问题后，克拉玛依组下部地层、百口泉组、乌尔禾组坍塌压力低，井壁稳定性较好，采用二开钻进。井身结构简化设计如图3.2所示。

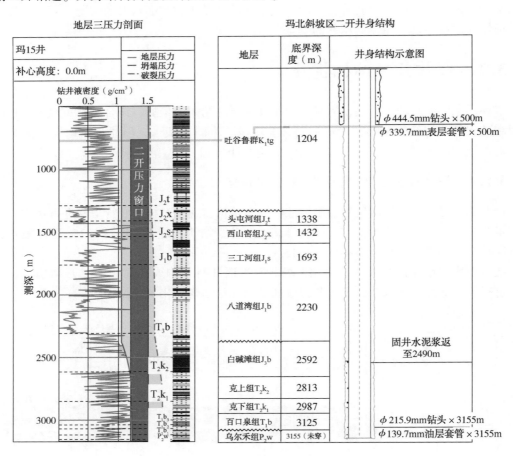

图3.2　玛131—夏72井区井身结构简化设计

3.2.2　玛19井区井身结构优化

在玛北油田的第三坡折带湖盆区域，地层压力从克上组顶部压力开始明显抬升，如图3.3所示。必封点的上限为白碱滩组底部，下限为克下组顶部，因此采用三开井身结构。但是由于技术套管下深可行性区间范围太大（白碱滩组底部—克下组顶部），为了确保勘探目标的实现，在勘探初期技术套管尽量下至必封点下限，预留进一步优化或简化的空间。

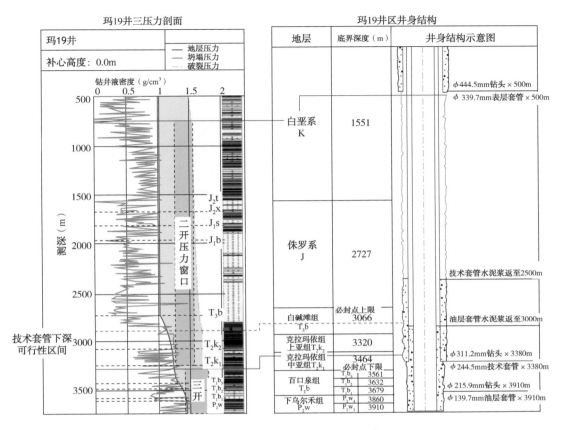

图 3.3　玛 19 井区井身结构简化设计

玛北斜坡区第三坡折带湖盆区域井身结构简化(优化)设计结果见表3.1。

表 3.1　玛北斜坡区第三坡折带湖盆区域井身结构简化(优化)设计

井身结构类别	井号	套管类型	钻头(套管)直径×井深	备注
三开井身结构 玛 19 井区	玛 20	表层套管	ϕ444.5mm×502m	井身 结构 优化
			ϕ339.73mm×501.65m(返至地面)	
		技术套管	ϕ311.15mm×3579m	
			ϕ244.48mm×3577.4m×2815m	
		油层套管	ϕ215.9mm×3942m	
			ϕ139.7mm×3942m(报废)	
	玛 21	表层套管	ϕ444.5mm×495m	
			ϕ339.73mm×492.64m(返至地面)	
		技术套管	ϕ311.15mm×3442m	
			ϕ244.48mm×3439.77m×2815m	
		油层套管	ϕ215.9mm×3750m	
			ϕ139.7mm×3748.23m×3025m	

井身结构类别	井号	套管类型	钻头（套管）直径×井深	备注
三开井身结构 玛 19 井区	玛 22	表层套管	ϕ444. 5mm×503m ϕ339. 73mm×502. 22m（返至地面）	井身 结构 优化
		技术套管	ϕ311. 15mm×3576m ϕ244. 48mm×3573. 56m×2620m	
		油层套管	ϕ215. 9mm×3880m ϕ139. 7mm×3878. 64m×3228m	
二开复合井眼 玛 131—夏 72 井区	玛 137	表层套管	ϕ444. 5mm×496m ϕ339. 73mm×495. 09m（返至地面）	井身 结构 简化
		油层套管	ϕ241. 3mm×1985m+ϕ215. 9mm×3350m ϕ139. 7mm×3348. 80m×2645m	
	玛 138	表层套管	ϕ444. 5mm×490m ϕ339. 73mm×489m×5. 40m	
		油层套管	ϕ241. 3mm×1921m+ϕ215. 9mm×3452m ϕ139. 7mm×3450. 48m×2470m	
	玛 139	表层套管	ϕ444. 5mm×500m ϕ339. 73mm×499. 51m×5. 45m	
		油层套管	ϕ241. 3mm×1913m+ϕ215. 9mm×3390m ϕ139. 7mm×3406. 10m×2715m	
	玛 155	表层套管	ϕ444. 5mm×500m×7. 96m ϕ339. 73mm×351m×7. 96m	
		油层套管	ϕ241. 3mm×1946m+ϕ215. 9mm×3260m ϕ139. 7mm×3257. 08m×2412m	
	玛 156	表层套管	ϕ444. 5mm×499m ϕ339. 73mm×485. 74m×8. 1m	
		油层套管	ϕ241. 3mm×2057m+ϕ215. 9mm×3298m ϕ139. 7mm×3296. 12m×2240m	
	玛 157	表层套管	ϕ444. 5mm×492m ϕ339. 73mm×491. 23m×5. 47m	
		油层套管	ϕ241. 3mm×2129m+ϕ215. 9mm×3172m ϕ139. 7mm×3170. 06m×2495m	

续表

井身结构类别	井号	套管类型	钻头（套管）直径×井深	备注
二开井身结构玛131—夏72井区	玛154	表层套管	ϕ444.5mm×490m	井身结构简化
			ϕ339.73mm×488.87m×4.90m	
		油层套管	ϕ215.9mm×3166.00m	
			ϕ139.7mm×3164m×2450.00m	
	玛158	表层套管	ϕ444.5mm×503m	
			ϕ339.73mm×502.51m×8.6m	
		油层套管	ϕ215.9mm×3146m	
			ϕ139.7mm×3144.44m×2400m	
	夏722	表层套管	ϕ444.5mm×198m	
			ϕ339.7mm×196.39m返至地面	
		油层套管	ϕ215.9mm×2920m	
			ϕ139.7mm×2917.1m水泥返至2050m	
	夏723	表层套管	ϕ444.5mm×206.00m	
			ϕ339.7mm×205.55m返至地面	
		油层套管	ϕ215.9mm×2830.00m	
			ϕ139.7mm×2827m水泥返至2100m	
	夏724	表层套管	ϕ444.5mm×206.00m	
			ϕ339.7mm×205.52m返至地面	
		油层套管	ϕ215.9mm×2770.00m	
			ϕ139.7mm×2768m水泥返至2129m	

3.2.3　玛18—艾湖1井区井身结构优化

在进行玛18—艾湖1井区井身结构优化前，对玛18—艾湖1井区前期已钻井资料分析如下：

（1）井漏分析。

玛18—艾湖1井区多口井在钻进过程中发生井漏（表3.2）。漏失主要发生在侏罗系地层，且漏失密度低（1.20~1.25g/cm³）。侏罗系三工河组及八道湾组煤层微裂缝发育及侏罗系八道湾组与三叠系白碱滩组属于不整合接触，地层承压能力低是井漏发生的主要因素。

表 3.2　玛18—艾湖1井区井漏统计

井号	地层	复杂类型	复杂情况及原因分析
艾湖1	J_1b	井漏	提钻至2485.55~2496.75m发生漏失，漏失钻井液14.2m³，钻井液密度1.5g/cm³，原因为顶替重钻井液在上返过程中由于地层薄弱，承压能力低，造成井漏
玛18	J_1b	井漏	钻至井深2869m发生井漏，钻井液密度1.24g/cm³，共漏失17.5m³
	T_3b	井漏	钻至井深3305.83m发生井漏，钻井液密度1.26g/cm³，钻速61.9m³/h，共漏失74.1m³
	T_2k_2	井漏	钻至井深3342.77m发生漏失，漏失钻井液密度1.33g/cm³

续表

井号	地层	复杂类型	复杂情况及原因分析
艾湖5	J_1s	井漏	钻至井深2176.15m发生井漏，钻井液密度1.2g/cm³，共漏失62m³
	J_1b	井漏	钻至井深2574m发生井漏，钻井液密度1.22g/cm³，共漏失82m³
艾湖6	T_3b	井漏 下钻遇阻	钻至井深3340m下套管发生井漏，钻井液密度1.26g/cm³，漏速15.72m³/h，共漏失35m³，采用小排量循环堵漏。原因为白碱滩地层为砂岩互层易垮塌

（2）井壁稳定性分析。

玛18—艾湖1井区侏罗系及以上地层泥岩发育，易吸水膨胀，且地层疏松，易形成虚滤饼，井径普遍存在缩径现象，在频繁的提划过程中井壁失稳掉块，井眼扩大严重。三叠系白碱滩组为一套厚层的泥岩，井眼稳定性比较好，实测井径比较规则。三叠系克拉玛依组岩性以砂泥岩互层为主，夹砾岩，井壁稳定性差，井径曲线如图3.4所示。

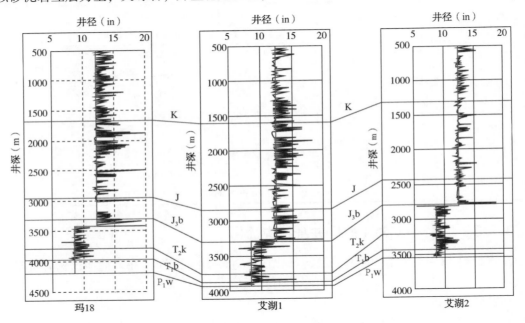

图3.4　玛18—艾湖1井区实测井径曲线

（3）压力系统分析。

根据玛北斜坡区纵向压力系统分析可知，玛18—艾湖1井区侏罗系八道湾及以上地层属于正常压力系统，三叠系白碱滩组压力有升高趋势，进入克拉玛依组出现压力异常，压力系数1.28，并随着井深增加逐步升高，至三叠系百口泉组压力系数达到1.72，属于异常高压油藏。但实钻过程中钻井液当量密度低于地层压力系数，表明该油藏具有高压低渗透的特征。该区域压力特征与玛北斜坡的玛19井区及玛南斜坡的玛湖1井区最大的差别为：玛19和玛湖1井区压力从三叠系下克拉玛依组中下部才开始升高，且上克拉玛依组属于易漏地层。由此决定了玛18—艾湖1井区技术套管的下深与其他两个区域的不同。

（4）钻井技术难点。

① 侏罗系八道湾组，地层承压能力低，钻井液漏失密度低（$1.22 \sim 1.25 \text{g/cm}^3$）；三叠系克拉玛依组压力开始抬升（$1.28 \text{g/cm}^3$），至三叠系百口泉组地层压力系数达到 1.70。

② 侏罗系以上地层泥岩发育，井眼缩径及掉块严重，需经常提划井眼，容易诱发八道湾组漏失。

③ 目的层地层压力高，油气显示活跃，固井易发生油气窜槽。

④ 三叠系百口泉组岩石抗压强度高，可钻性差，机械钻速慢。

（5）井身结构方案。

根据前期完钻井实钻情况（表 3.3），并结合对区域压力系统及钻井技术难点的认识，玛18—艾湖1井区直井由前期的常规三开井身结构优化为小三开井身结构。

表 3.3　玛18—艾湖1井区前期井身结构

井号	套管层次	钻头直径×井深（层位） 套管外径×下深×水泥返高	井号	套管层次	钻头直径×井深（层位） 套管外径×下深×水泥返高
艾湖5	表层套管	φ444.5mm×497m φ339.73mm×496.5m×10m	艾湖013	表层套管	φ444.5mm×500m φ339.73mm×498.6m×10.10m
	技术套管	φ311.15mm×3350m φ244.48mm×3347.8m×2695m		技术套管	φ311.15mm×3220m φ244.48mm×3217.6m×2560m
	油层套管	φ215.9mm×3980m φ139.7mm×3977.7m×2650m		油层套管	φ215.9mm×3876m φ139.7mm×3874m×2895m
艾湖6	表层套管	φ444.5mm×501m φ339.73mm×500.81m（地面）	玛601	表层套管	φ444.5mm×503m φ339.73mm×502.61m（地面）
	技术套管	φ311.15mm×3330m φ244.48mm×3328m×2620m		技术套管	φ311.15mm×3300m φ244.48mm×3295.93m×2500m
	油层套管	φ215.9mm×3986m φ139.7mm×3984.1m×3100m		油层套管	φ215.9mm×3940m φ139.7mm×3938.56m×2900m
艾湖011	表层套管	φ444.5mm×497m φ339.73mm×496.26m×11.55m	玛602	表层套管	φ444.5mm×496m φ339.73mm×495.1m（地面）
	技术套管	φ311.15mm×3280m φ244.48mm×3276.6m×2600m		技术套管	φ311.15mm×3300m φ244.48mm×3295.93m×2470m
	油层套管	φ215.9mm×3940m φ139.7mm×3938.3m×2850m		油层套管	φ215.9mm×3923m φ139.7mm×?
艾湖012	表层套管	φ444.5mm×500m φ339.73mm×498.79m×9.5m	玛606	表层套管	φ444.5mm×514m φ339.73mm×511.57m（返至地面）
	技术套管	φ311.15mm×3310m φ244.48mm×3307.2m×2440m		技术套管	φ311.15mm×3300m φ244.48mm×3227m×2500m
	油层套管	φ215.9mm×3950m φ139.7mm×3947.9m×2800m		油层套管	φ215.9mm×3838m φ139.7mm×3836.33m×2290m

小三开井身结构的技术套管下深以封隔上下两套不同压力系统为原则，避免不同压力系统地层处于同一裸眼井段，降低发生复杂的风险，具体井身结构如图 3.5 所示。

一开：采用 ϕ381mm 钻头钻至井深 500m，下入 ϕ273.1mm 表层套管，水泥浆返至地面，以封隔地表松散易塌地层，并为井口控制和后续安全钻井创造条件；

二开：采用 ϕ241.3mm 钻头钻穿白碱滩组中部砂层见稳定泥岩中完，下入 ϕ193.7mm 技术套管，封隔上下两套压力系统，为三开安全钻进创造条件；

三开：采用 ϕ165.1mm 钻头钻至完钻井深，下入 ϕ127mm 油层套管固井完井。

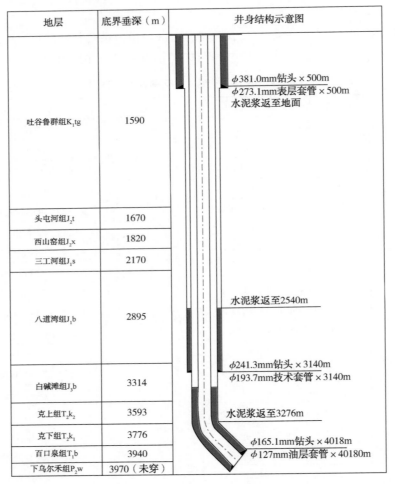

地层	底界垂深（m）	井身结构示意图
吐谷鲁群K$_1$tg	1590	ϕ381.0mm钻头×500m ϕ273.1mm表层套管×500m 水泥浆返至地面
头屯河组J$_2$t	1670	
西山窑组J$_2$x	1820	
三工河组J$_1$s	2170	
八道湾组J$_1$b	2895	水泥浆返至2540m ϕ241.3mm钻头×3140m ϕ193.7mm技术套管×3140m
白碱滩组J$_3$b	3314	水泥浆返至3276m
克上组T$_2$k$_2$	3593	
克下组T$_2$k$_1$	3776	ϕ165.1mm钻头×4018m ϕ127mm油层套管×40180m
百口泉组T$_1$b	3940	
下乌尔禾组P$_2$w	3970（未穿）	

图 3.5 玛18—艾湖1井区直井井身结构示意图

3.3 水平井井身结构优化

3.3.1 玛 131 井区井身结构优化

根据玛 131 井区井地质开发部署，在玛 15 和玛 133 井区设立两个试验区，采用 400m 井距、100m 排距全水平井衰竭式开发，按两套开发层系部署，共部署总井数 24 口，其中，水平井钻新井 23 口，观测直井 1 口。23 口水平井中，T_1b_3 部署总井数 9 口，设计水平段长 1600m；$T_1b_2^1$ 部署总井数 14 口，设计水平段长 1600~2000m。

玛 15 试验区采用 1600m 和 1800m 水平段共部署试验井 18 口。其中 T_1b_3 部署 9 口，水平段长均为 1600m；$T_1b_2^1$ 部署 9 口，1600m 水平段 8 口，1800m 水平段 1 口。玛 133 试验区采用 2000m 水平段部署试验井 5 口，为后续 2000m 水平段长水平井的规模应用积累钻采配套技术经验。

根据玛北斜坡区钻井地质特点，结合开发部署、储层改造要求以及目前钻井工艺技术水平，确定水平井采用三开裸眼完井和三开固井完井两种完井方式。

（1）三开裸眼完井井身结构。

一开：采用 ϕ444.5mm 钻头钻至井深 500m，下入 ϕ339.7mm 表层套管，采用内管注水泥工艺固井，水泥浆返至地面，封隔地面疏松地层。

二开：采用 ϕ215.9mm 钻头钻直井段及造斜段，钻穿三叠系百口泉组百三段顶部泥岩层中完，井深约 3290m，下入 ϕ177.8mm 技术套管，水泥返至 2500m，为三开井段安全快速钻进创造条件。

三开：采用 ϕ152.4mm 钻头钻至完钻井深，裸眼完井。

三开裸眼完井井身结构如图 3.6 所示。

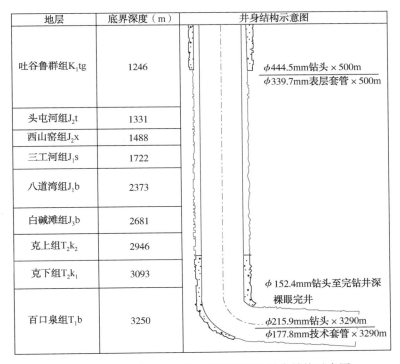

地层	底界深度（m）	井身结构示意图
吐谷鲁群组 K_1tg	1246	ϕ444.5mm钻头×500m ϕ339.7mm表层套管×500m
头屯河组 J_2t	1331	
西山窑组 J_2x	1488	
三工河组 J_1s	1722	
八道湾组 J_1b	2373	
白碱滩组 J_3b	2681	
克上组 T_2k_2	2946	
克下组 T_2k_1	3093	ϕ152.4mm钻头至完钻井深 裸眼完井
百口泉组 T_1b	3250	ϕ215.9mm钻头×3290m ϕ177.8mm技术套管×3290m

图 3.6　玛 131 井区水平井三开裸眼完井井身结构示意图

（2）三开固井完井井身结构。

一开：采用 ϕ444.5mm 钻头钻至井深 500m，下入 ϕ339.7mm 表层套管，采用内管注水泥工艺固井，水泥浆返至地面，封隔地面疏松地层。

二开：采用 φ311.2mm 钻头钻直井段及造斜段，钻穿三叠系百口泉组百三段顶部泥岩层中完，井深约 3290m，下入 φ244.5mm 技术套管，水泥返至 2500m，为三开安全快速钻进创造条件。

三开：采用 φ215.9mm 钻头钻至完钻井深，下入 φ139.7mm 油层套管，水泥浆返至造斜点以上 100m

三开固井完井井身结构如图 3.7 所示。

地层	底界深度（m）	井身结构示意图
吐谷鲁群组 K_1tg	1246	φ444.5mm 钻头 × 500m φ339.7mm 表层套管 × 500m
头屯河组 J_2t	1331	
西山窑组 J_2x	1488	
三工河组 J_1s	1722	
八道湾组 J_1b	2373	
白碱滩组 J_3b	2681	
克上组 T_2k_2	2946	
克下组 T_2k_1	3093	φ311.2mm 钻头 × 3290m φ244.5mm 技术套管 × 3290m
百口泉组 T_1b	3250	φ245.9mm 钻头 × 完钻井深 φ139.7mm 油层套管 × 完钻井深

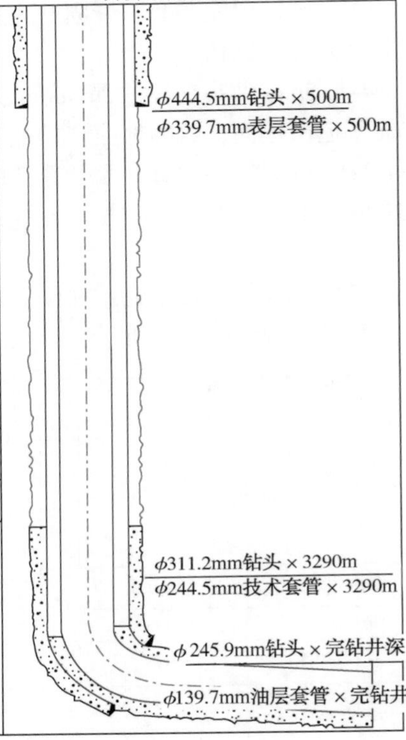

图 3.7 玛 131 井区水平井三开固井完井井身结构示意图

（3）水平井井眼轨道优化。

根据区域整体部署特点，确立了该地区的井眼轨迹设计原则：

① 区域部署水平井长度为 1200m、1400m、1600m，1800m 及 2000m 等四种不同长度，为了更好的控制井眼轨迹，实现地质目标，采用"直—增—稳—增—稳"的五段制轨迹剖面设计；

② 由于水平段长，为了保证后期完井管柱顺利下入，靶前位移 280m 左右，井眼狗腿控制在 7°/30m 以内；

③ 造斜点选择克拉玛依组中部较稳定地层。定向段需紧密跟踪轨迹，提高中靶精度；

④ 水平段采用复合钻进，优化钻井液体系，提高井眼延伸能力；优选长寿命螺杆，单只钻头进尺达到 600m 以上。

应用 Landmark Compass 软件，不同长度水平井井眼轨迹如表 3.4 和图 3.8 所示。

表 3.4　玛 131 井区水平井井眼轨迹数据表

井段	井深（m）	垂深（m）	井斜角（°）	方位角（°）	水平位移（m）	视平移（m）	狗腿角 [（°）/30m]	目标点
直井段+造斜段	2960	2960	0	0	2960	0	0	造斜点
	3249.62	289.62	58.89	179.9	3201.25	136.18	6.1	
	3261.35	11.73	58.89	179.9	3207.31	146.23	0	
	3403.06	141.71	85.72	179.9	3250	280	5.68	入靶点
1200m	4606.42	1203.36	85.72	179.9	3339.8	1480	0	终靶点
1400m	4806.42	1403.36	85.72	179.9	3354.78	1680	0	
1600m	5006.42	1603.36	85.72	179.9	3369.74	1880	0	
1800m	5206.42	1803.36	85.72	179.9	3384.71	2080	0	
2000m	5406.42	2003.36	85.72	179.9	3399.68	2280	0	

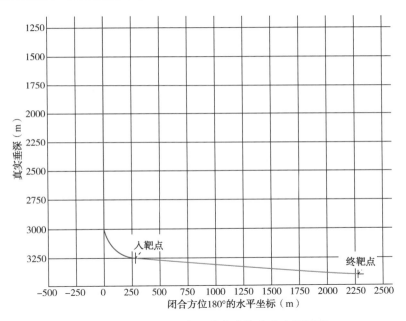

图 3.8　玛 131 井区水平井井眼轨迹垂直投影图

3.3.2　玛 153_H 水平井井身结构优化

玛 153_H 水平井位于准噶尔盆地西北缘玛湖凹陷北斜坡，设计井深 4240.90m，目的层位百口泉组 $T_1b_2^1$。完钻原则为钻揭三叠系百口泉组 $T_1b_2^1$ 油层水平段长度 1000.10m 完钻，采用水平段裸眼完井；靶点位置见表 3.5。

表 3.5　玛 153_H 水平井靶点位置

垂直深度（m）		水平段井斜角（°）
海拔（A 点）	海拔（B 点）	
−2685	−2671	90.8

（1）井身结构设计。

玛 153_H 水平井三开侧钻：采用采用 φ215.9mm 钻头钻至设计靶窗入口 A 点 3240.81m，悬挂 φ177.8mm 第二层技术套管，井深从 2550m 至 3240.81m，固井水泥浆返至井深 2550m，为后续水平段安全钻进创造条件。四开采用 φ152.4mm 钻头钻至设计水平段靶窗出口 B 点 4240.90m，裸眼完井。井身结构设计如图 3.9 所示。

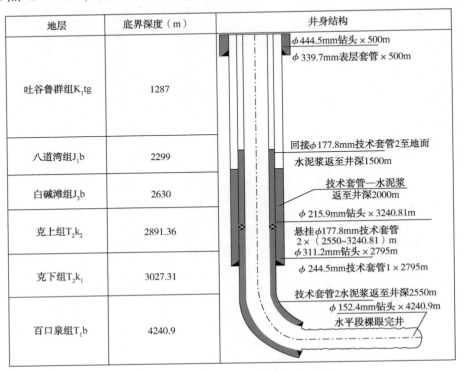

图 3.9　玛 153_H 水平井井身结构设计

（2）井眼轨道优化设计。

玛 153_H 水平井采用"直—增—增—稳"的四段制轨迹剖面设计。为了保证后期完井管柱顺利下入，靶前位移 250m 左右，井眼狗腿控制在 7°/30m 以内。井身剖面设计数据见表 3.6。

表 3.6　玛 153_H 水平井井身剖面设计表

井段	井深（m）	垂深（m）	井斜（°）	方位（°）	北坐标（m）	东坐标（m）	水平位移（m）	段长（m）	井眼曲率[（°）/30m]
直井段	2826.25	2826.25	0	0	0	0	0	2826.25	0
造斜段	2856.25	2856.23	3.5	69.98	0.31	0.86	0.92	30	3.5
造斜段	3230.4	3086.77	90.8	69.98	85.41	234.37	249.45	374.15	7
稳斜段	3240.81	3086.62	90.8	69.98	88.97	244.15	259.86	10.41	0
水平段	4240.9	3072.62	90.8	70.02	430.97	1183.85	1259.86	1000.1	0.001

水平井轨迹的垂直剖面图及水平投影图如图 3.10 所示。

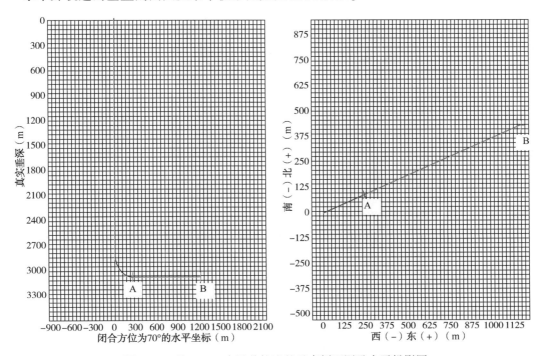

图 3.10　玛 153_H 水平井轨迹的垂直剖面图及水平投影图

第4章　个性化钻头设计

应用三维仿真技术在 PDC 钻头个性化方案设计阶段进行产品的虚拟制造，可圆满地展现设计构思，并通过装配仿真和运动仿真技术进行设计结构干涉检查和运动干涉分析，及时发现钻头设计中的错误及不足之处，避免在加工和现场应用过程中造成人力、财力的浪费和损失。

个性化钻头总体设计思路：

（1）运动分析。

PDC 钻头刀翼在钻压和扭转力的作用下，一方面钻进向下运动，另一方面围绕钻头轴线旋转。刀翼以正螺旋面吃入并切削地层，井底平面与 PDC 齿平面成角 θ，以剪切和挤压方式破碎岩石，切削效率取决于钻头的切削结构设计和地层的岩石特性参数。

（2）参数设计。

玛湖斜坡区岩石三轴抗压强度为 58~116MPa，设计钻头钻压为 60~120kN，钻头转速为 90~120r/min，机械钻速为 4~7m/h。为了确保钻头的设计质量和切削效率，对钻头设计方案进行了三维仿真分析和设计。

PDC 钻头仿真分析技术设计思路如图 4.1 所示。

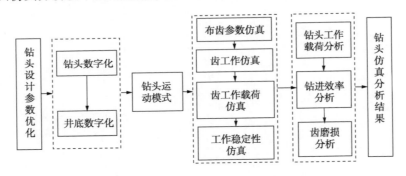

图 4.1　PDC 钻头仿真分析技术设计思路

4.1　钻头材料选择和轮廓设计

4.1.1　钻头磨损情况分析

通过对二叠系和石炭系岩石力学特性分析，针对性地强化钻头抗研磨性和抗冲击性研究，增强 PDC 钻头对非均质性砂砾夹层、凝灰岩、白云岩、火成岩地层的适应性，配合辅助提速工具，提高钻头破岩效率。

（1）提高钻头与地层的匹配性设计要求：

① 提高复合片的研磨性，以增加钻头进尺；

② 提高钻头复合片的抗冲击性，防止在硬地层中过早崩齿；

③ 优化钻头结构，提高钻头稳定性；

④ 优化布齿，提高钻头进尺和机械钻速；

⑤ 优化水力结构，防止泥包，及时运移井底岩屑，减少重复破碎。

（2）二叠系和石炭系的岩石可钻性对钻头要求：

① 火成岩可钻性为 5~7 级，属于中—中硬地层，要求钻头有较强的攻击性；

② 火成岩井段夹层多，岩性复杂，软硬交错现象严重，可钻性级值低到 3 级，高到 7 级，极不均质，要求钻头有良好的抗冲击性；

③ 地层研磨性强，要求钻头有良好的耐磨性。

（3）火成岩层段钻头设计要求：

① 优选自锐性强、耐磨性高和抗冲击性能好的 PDC 齿；

② 优化钻头结构形式，提高工作稳定性；

③ 优化布齿设计，提高钻头攻击能力和寿命；

④ 钻头整体受力平衡设计，控制不平衡度小于 5%；

⑤ 加强水力清洗冷却效果。

深层二叠系和石炭系由于岩性复杂，岩石硬度大，研磨性强，可钻性差，安山岩、凝灰岩、玄武岩岩石可钻性为 7~9 级，导致钻头磨损严重、使用寿命短。因此需要开展抗冲击性、抗研磨性复合片优选，个性化 PDC 钻头切削结构、水力结构设计与分析。

4.1.2　抗冲击、抗研磨性复合片优选

选取代号为 K-3、K-2 和 K-1 的三类进口聚晶金刚石复合片各 9 片（表 4.1），进行耐磨性测试、抗冲击性能测试、微观形貌分析热稳定性分析等，如图 4.2 至图 4.5 所示。

表 4.1　复合片测试样本

代号	厂家	类型	加工工艺	中间层结构
K-1	深圳市磊鑫合成有限公司	聚晶金刚石复合片	脱钴钎焊	平面接触
K-2	深圳市磊鑫合成有限公司	聚晶金刚石复合片	脱钴钎焊	齿形面
K-3	元素六金刚石(苏州)有限公司	聚晶金刚石复合片	脱钴钎焊	齿形面

图 4.2　复合片耐磨性测试

图 4.3　复合片抗冲击性能测试

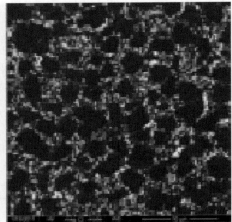

图 4.4　金刚石层微观形貌分析

图 4.5　复合片热稳定性分析

复合片性能(表 4.2)对比评价如下:

(1)耐磨性方面:K-3 无论是最低值和平均值都高于 K-2 和 K-1。

(2)抗冲击方面:K-3 平均值最高,所有数据波动最小;K-2 最低值 60J 也是较好的,但低于 K-3 的最低值,而 K-1 的最低值仅 35J。因为冲击失效最可能首先发生在最差的复合片,所以最低值基本能反映复合片的抗冲击水平。

(3)热裂纹温度:K-3 与 K-2 相同,K-1 的差一些。

(4)残余应力:K-3 最好,K-2 次之,K-1 最差。

(5)综合看来 K-3 性能是最好的,K-2 略差,K-1 各方面都最差。

表 4.2　复合片性能测试结果

项　目		湿磨磨耗比 (10^4)	累积抗冲击性 (J)	热裂纹温度 (℃)	残余应力 (GPa)
K-3	样本 1	418.75	105	855	6.631
	样本 2	386.27	85		8.560
	样本 3		80		6.956
	平均	402.51	82.5	855	7.38
K-2	样本 1	283.46	140	855	8.257
	样本 2	373.47	95		9.385
	样本 3		60		8.041
	平均	328.465	77.5	855	8.34
K-1	样本 1	280.6	80	845	7.297
	样本 2	322.52	35		8.891
	样本 3				8.556
	平均	301.56	57.5	845	8.56

通过复合片的性能测试和现场 PDC 钻头使用与失效分析,得出如下认识:

(1)PDC 复合片的磨损速度随钻压的增加而加快。

(2)切削线速度对复合片的磨损速度影响很大。

(3)PDC 复合片的聚晶金刚石层厚度对其抗研磨性能有较大影响。随着聚晶金刚石层厚度的增加,其磨耗比值越高,抗研磨能力越强。

(4)PDC 钻头冠部抛物线较长的钻头,其布齿密度较高,钻头的抗研磨能力较强。

(5)脉动冲击载荷对复合片的崩损影响很大,为延长钻头寿命,在钻遇含砾的非均匀地层时应适当降低钻压和转速,以减小对复合片的脉动冲击载荷。

(6)复合片的后倾角也是影响切削齿抗崩损的重要因素,以 20° 为界线,后倾角大于 20° 则抗冲击能力较强,后倾角越大,抗冲击能力越强。后倾角小于 20° 则抗冲击能力加速减弱。

(7)聚晶金刚石层厚度是影响其抗冲击能力的重要因素之一,随聚晶金刚石层厚度的增加,抗冲击能力减弱。

4.1.3 PDC 钻头冠部形状设计

剖面形状直接影响钻头各部位切削齿的受力状态。在实验室对不同冠部形状的 PDC 钻头进行钻进实验，受力分析结果表明，在切削面积相同的条件下，平底型钻头上的各切削齿的受力分布较均匀。锥型钻头在冠顶附近切削齿的纵向受力比钻头中心和外缘处要大得多，而侧向受力则完全相反，锥面越长，受力分布越不均匀。

钻头上各部位切削齿的受力状态，对 PDC 钻头的吃入、磨损和稳定特性都有较大的影响。内锥齿的侧向力有稳定钻头的作用，因此，具有深内锥的钻头，其稳定性较好。外锥齿的侧向力只有在平衡的条件下才能起到稳定钻头的作用，否则会使钻头偏离旋转中心。加强钻头的侧向切削，易引起横向振动和涡动。受力较大的冠顶齿，容易吃入岩石，有利于提高钻速，但在钻遇硬的、研磨性地层时，总是先接触恶劣的地层，并承受较大的钻压，容易甭碎或加速磨损。

因此，在较软的低研磨性地层中，切削齿受力较小，切削齿碎裂和磨损较轻，采用较长的锥型剖面有利于提高钻速和钻头的稳定性；外锥较长，可多布齿，使内外磨损均匀。在硬的、研磨性地层及软硬交错地层中，采用较平缓的剖面，较均匀的受力使钻头磨损均匀，较小的侧向力和较长的低摩擦保径有利于钻头的稳定性；由于冠部面积较小，钻压和水力作用都比较集中，有利于提高钻速。

目前，国内外用于钻进硬地层的 PDC 钻头有两种典型的剖面，即短圆型（图 4.6）和短抛物线型（图 4.7），而且都取得了比较好的效果。

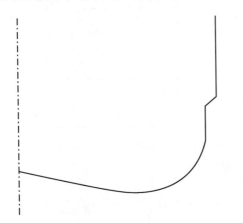

图 4.6　短圆型剖面

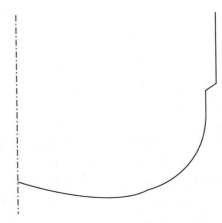

图 4.7　短抛物线型剖面

两者相比较，短抛物线型更好一些。因为受力较大的冠顶部位更靠近钻头中心，旋转半径相对较小，而旋转半径大的外缘齿，受力相对较小，这样不同部位切削齿的磨损相对比较均匀。此外，抛物线剖面外翼相对较长，可以布置更多的切削齿，提高了耐磨性。短圆型剖面的冠顶靠近钻头外侧，且曲率较大，冠顶部位切削齿受力较大，旋转半径较大，容易先期磨损。

通过分析岩性资料以及测试分析岩心，发现火成岩地层含有凝灰岩、安山岩、玄武岩、火山碎屑岩、火山角砾岩、流纹岩、英安岩及花岗岩等，岩性致密，硬度高，抗压强度高，塑性差，地层可钻性差，且使用常规 PDC 钻头容易发生崩齿、环磨等早期失效形式，严重制约钻井钻探速度。

依据钻头冠部形状设计理论，并结合上述地层岩性特点，针对性研究开发适合石炭系、二叠系火成岩地层的钻头冠部形状，采用直线+圆弧+圆弧剖面冠部形状（图 4.8），钻头在获得较高机械钻速的前提下，主切削齿能够均匀受力，钻头扭矩平滑，平稳切削，防止钻头出现过早崩齿环磨损坏，增加钻头行程进尺。

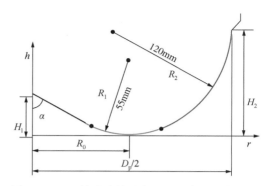

图 4.8   PDC 钻头直线+圆弧+圆弧剖面冠部形状

针对火成岩不同硬度及研磨性地层，针对性开发 5 刀翼及 6 刀翼钻头，根据不同刀翼数量，进行冠部形状个性化设计，以匹配不同刀翼形状，获得更好稳定性和机械钻速，并提高钻头进尺能力。

通过钻头冠部形状及刀翼等个性化设计，设定了 XM616PRD 和 XM516ARD 的 PDC 钻头的轮廓参数见表 4.3 和表 4.4，其刀翼设计如图 4.9 和图 4.10 所示。

表 4.3   XM616PRD 轮廓参数

参　　数	值	参　　数	值
内锥角(°)	75	1#刀翼角度(°)	1
击碎线 R_1 鼻部圆弧半径(mm)	55	2#刀翼角度(°)	59
击碎线 R_2 肩部圆弧半径(mm)	120	3#刀翼角度(°)	122
R_2 夹角(°)	34	4#刀翼角度(°)	183
规径长(mm)	10	5#刀翼角度(°)	245
钻头半径(mm)	107.95	6#刀翼角度(°)	302
击碎线半径(mm)	108.45	刀翼宽度角(°)	30

表 4.4   XM516ARD 轮廓参数

参　　数	值	参　　数	值
内锥角(°)	70	1#刀翼角度(°)	1
击碎线 R_1 鼻部圆弧半径(mm)	55	2#刀翼角度(°)	76
击碎线 R_2 肩部圆弧半径(mm)	80	3#刀翼角度(°)	144
R_2 夹角(°)	45	4#刀翼角度(°)	211
规径长(mm)	25	5#刀翼角度(°)	287
钻头半径(mm)	107.95	刀翼宽度角(°)	35
击碎线半径(mm)	108.45		

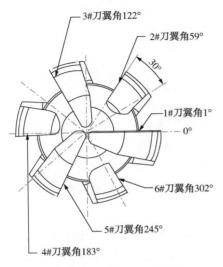

图 4.9　XM616PRD 刀翼设计

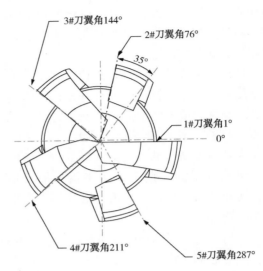

图 4.10　XM516ARD 刀翼设计

4.2　钻头切削结构设计

4.2.1　布齿密度分析

切削齿的加速磨损和冲击碎裂是影响 PDC 钻头在硬的、研磨性地层中钻进效果的两个主要因素。为提高 PDC 钻头钻进硬的、研磨性地层的水平，钻头设计者都把工作的重点集中在改善 PDC 钻头的抗冲击性和耐磨性方面。在布齿设计中主要有以下两个方面设计：（1）通过减小切削齿尺寸、增加切削齿和刀翼数量来提高钻头的耐磨性；（2）采用同轨迹布齿方法来提高钻头的稳定性。这两种设计上的改进取得了一定的效果，但并不十分令人满意。

采用高密度布齿，增大了金刚石的体积，确实可以提高 PDC 钻头的耐磨性，但通常给钻进速度带来负面影响。硬地层需要高钻压来克服岩石的门限剪切强度。但考虑到切削齿的热加速磨损问题，又不能无限制地增大钻压。因此，高密度布齿设计的结果往往导致切削齿刮擦而不是有效剪切井底岩石。有研究指出，在布齿密度较小的情况下，较大的载荷作用可使切削齿有效地吃入并剪切破碎岩石，不仅钻进效率高，而且会减少切削齿与岩石的接触时间。相反，当布齿密度较高时，切削齿受力较小，结果是以研磨方式而不是剪切方式破碎岩石，不但破岩效率低，而且增加了切削齿与岩石的接触时间。破岩效率的降低和切削齿与岩石接触时间的增加，可能是限制高密度布齿的 PDC 钻头在硬地层中钻进效果的主要原因。此外，高密度布齿对水力作用的不利影响也是限制钻头性能的原因之一。

同轨迹布齿比较成功地控制了钻头的振动，提高了的钻头稳定性。但这种布齿设计需要较大的布齿间距，以便在相邻两轨迹之间形成对钻头起稳定作用的岩脊。井底覆盖系数的减小和岩脊限制了机械钻速。而且，岩石越硬，对机械钻速的影响越大。

因此，硬地层 PDC 钻头的布齿设计不能只考虑增强钻头的耐磨性和稳定性，还要考虑破岩效率的提高。要在不牺牲机械钻速的前提下考虑如何提高 PDC 钻头的稳定性和工作寿命。

针对石炭系的岩性力学特征，设计 6 刀翼钻头采用高密度井底覆盖系数法与等功率法结合布齿，以应对安山岩和玄武岩等高抗压强度和高研磨性地层，如图 4.11 所示；5 刀翼钻头采用同轨迹布齿，以期在普通凝灰岩等抗压强度和研磨性相对较低的地层获得更高的机械钻速，如图 4.12 所示。

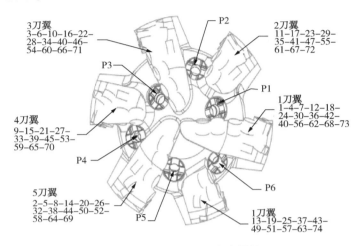

图 4.11 XM616PRD 布齿设计

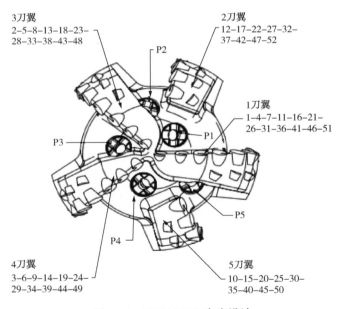

图 4.12 XM516ARD 布齿设计

4.2.2 切削齿角度分析

切削齿的后倾角是 PDC 钻头的一个重要设计参数，对钻头性能有着很大的影响。

L. E. Hibbs 于 1978 年研究提出，切削齿在后倾角在 10°~20° 时受力最小。E. R. Hoover 和 J. N. Middleton 在 1981 年报道了台架实验结果，切削齿后倾角为 20° 的钻头在砂岩中的钻进性能最好，而在硬的花岗岩中，25° 切削齿的碎裂和磨损程度明显小于 20° 的切削齿。C. L. Hough 在 1986 研究得出的结论是在页岩中切削齿后倾角为 15°、20° 或 25° 的 PDC 钻头的钻进速度没有明显的差别，优于后倾角为 7° 的钻头。根据这些研究成果，在早期的 PDC 钻头设计中形成了这样一种共识，即软地层的 PDC 钻头应采用 10°~20° 后倾角，而硬地层钻头采用 20°~25° 后倾角为宜，并以 20° 作为 PDC 切削齿的标准后倾角。

近年来，随着冲击碎裂和热加速磨损理论的发展，人们开始怀疑早期设计经验的合理性。H. Karasawa 和 X. Li 等用后倾角为 10°、15°、20°、25°、30° 和 40° 的切削齿切削花岗岩，发现切削齿的受力随着后倾角的增大而增大，而且切削角较小的切削齿反而不容易碎裂。在石灰岩中进行的 5°、10°、15°、20° 和 25° 切削齿的受力试验得出的结论是 10° 时切削齿的受力最小，旋转扭矩也最小，随着切削角的增大，纵向力、切削力和扭矩都呈增大的趋势。L. A. Sinor 等用后倾角分别为 10°、20°、30° 和 40° 的直径 216mm 的 PDC 钻头在石灰岩和页岩中进行了台架实验，结果表明在相同的钻压和扭矩下，后倾角越小的钻头，钻进速度越快；在相同的钻速水平，钻压和扭矩随着后倾角的增大而增大。从这些实验结果中可知：（1）后倾角越小（最小 10°），切削齿越容易吃入地层，钻进速度越快；（2）在相同的钻速水平，后倾角越小，切削齿受力越小，钻压和扭矩越小。

现场经验表明，钻压和扭矩越大，PDC 钻头切削齿越容易磨损和碎裂。因为在大钻压和大扭矩下，切削齿要承受较大的压力和切削力。较大的压力容易引起热加速磨损和较大的纵向冲击载荷，较大的切削力容易引发较大的扭转振动，结果导致 PDC 切削刃的热加速磨损和冲击碎裂。

由于地层含有凝灰岩、安山岩、玄武岩、火山碎屑岩和火山角砾岩等，岩性致密，可钻性普遍较差，但是相对也有一定差异性，因此，需要针对具体地层岩性进行设计，可以采用 18°~25° 的切削角，通过钻头表现出的低扭矩及低摩阻，快速钻进，现场再配合旋冲工具，进一步消除或减少钻头卡滑现象，提高钻头吃入地层能力，释放突变扭矩，减少复合片受到瞬时过大冲击载荷及扭矩，从而达到保护复合片的目的，进而提高钻头机械钻速和行程进尺。

根据地层岩性所表现出的不同研磨性、抗压强度和可钻性等特点，对复合片切削角度进行优化设计，提高钻头在不同地层岩性中的适应性，从而获得更加理想的机械钻速和进尺。

4.2.3　等磨损优化设计

利用以齿心半径为输入变量的 PDC 钻头布齿设计模板，建立布齿功力优化数学模型。功力优化设计的过程通常为调整输入变量，生成 PDC 钻头布齿文件，然后导入到 UG（交互式 CAD/CAM 系统）中进行齿间距测量与判断，最后通过 Amoco 力学计算软件获得布齿功力结果，评价 PDC 钻头布齿结构性能。

（1）设计变量。

PDC 钻头布齿结构功力设计变量 X：

$$X = \begin{bmatrix} x_1, & x_2, & \cdots, & x_i \end{bmatrix}^{\mathrm{T}} \qquad (4.1)$$

式中　x_i——第 i 颗切削齿的齿心半径($i \leqslant N$，其中 N 为布齿数量)。

对于不同尺寸的 PDC 钻头布齿数量从十几个到上百个数量不等，若直接采用齿心半径为设计变量，将导致设计变量数目过大，不进行优化求解，甚至无法获得满足设计要求的布齿结构。

(2) 计算结果。

计算结果表明如图 4.13 至图 4.16 所示。XM616PRD 与 XM516ARD 功率与切削齿力均在内锥与鼻部交界处圆滑过渡，在保径(规径)处功率与切削齿力均为零，即保径处切削齿不参与切削岩石，对 PDC 钻头布齿功率设计无影响，复合片的受力情况较好，能有效避免复合片因受力不均等造成复合片崩齿情况的发生。

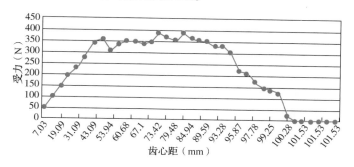

图 4.13　8½XM616PRD 切削齿受力曲线

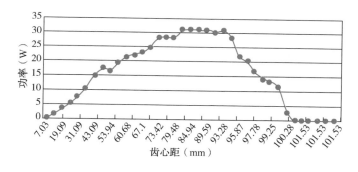

图 4.14　8½XM616PRD 切削齿功率曲线

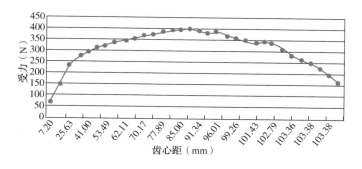

图 4.15　8½XM516ARD 切削齿受力曲线

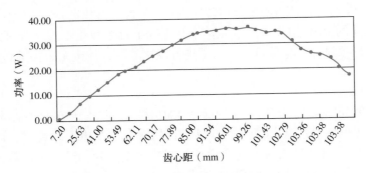

图 4.16　8½XM516ARD 切削齿功率曲线

4.2.4　力平衡分析

对 PDC 钻头而言，破岩效率分析的关键有两点：（1）力平衡设计控制井底侧向力，防止复合片早期失效；（2）等功率、等磨损原则，确保复合片均匀磨损，提高钻头寿命。

对于 PDC 钻头布齿结构力平衡设计，首先输入刀翼方位角生成布齿设计文件，然后利用 Amoco 力学计算软件进行分析，最后通过 Amoco 输出的不平衡力和 R/C（径向力/切削力）进行结果评价。

（1）设计变量。

PDC 钻头刀翼方位角为设计变量 X：

$$X = [\theta_1, \ \theta_2, \ \cdots, \ \theta_i]^{\mathrm{T}} \tag{4.2}$$

式中　θ_i——第 i 号刀翼方位角，$i \leqslant 9$，即最大刀翼数量为 9 个。

（2）目标函数。

PDC 钻头布齿结构力平衡优化设计，以不平衡力和 R/C 为优化目标，属于多目标优化问题，存在两个目标函数如下：

不平衡力 $f_1(\theta)$

$$f_1(\theta_1, \ \theta_2, \ \cdots, \ \theta_i) \rightarrow \min \tag{4.3}$$

R/C 值 $f_2(\theta)$

$$\left| 1 - f_2(\theta_1, \ \theta_2 \cdots, \ \theta_i) \right| \rightarrow \min \tag{4.4}$$

加权法是多目标归一化（Scalar）算法的代表算法之一，把多个目标转化成单一目标，指定的权重系数容易理解，可以通过成熟的单目标优化方法求解，因此对于布齿结构力平衡优化设计的多目标问题采用加权法处理。

加权法使用如下方式将多目标优化问题转化为单目标优化问题：

$$(S_w) \begin{cases} \mathrm{Minimize} \sum_{i=1}^{p} w_i f_i(x) \\ \mathrm{Subject\ to}\ g_j(x) \leqslant 0 \quad j = 1, \ 2, \ \cdots \\ \qquad\qquad h_k(x) = 0 \quad k = 1, \ 2, \ \cdots \end{cases} \tag{4.5}$$

式中　w_i——权重系数，默认值为 1.0。

（3）约束条件。

PDC 钻头布齿结构力平衡优化设计，设计约束条件主要有夹角、夹角比值约束、不平衡力约束和 R/C 值约束，具体约束条件为：

$$刀翼夹角\ g_{1i}(X)：g_{1i}(q_1，q_2，\cdots，q_i)^3 A \tag{4.6}$$

式中　A——刀翼夹角下限值（输入参数）；

　　　i——刀翼数量，即存在 i 个刀翼夹角约束条件。

$$刀翼夹角比值\ g_{2i}(X)：b=g_{2i}(q_1，q_2，\cdots，q_i)a \tag{4.7}$$

式中　$a，b$——刀翼夹角比值的上、下限，均为输入参数；

　　　i——刀翼数量，即存在 i 个刀翼夹角比值约束条件。

（4）刀翼夹角约束和夹角比值约束。

① 刀翼夹角约束条件。

设定：A_i 为刀翼方位角，$i=1，\cdots，9$；$A_{[i][i+1]}$ 为刀翼夹角，$i=1，\cdots，9$；KDJ 为刀翼宽度角；

若 $(A_3-A_1>0)$，则：

$$A_{12}=A_3-A_1-KDJ$$
$$A_{23}=A_3-A_3-KDJ$$
$$A_{89}=A_9-A_8-KDJ$$
$$A_{91}=A_1+360-A_9-KDJ$$

若 $(A_3-A_1<0)$，则：

$$A_{12}=A_2+360-A_1-KDJ$$
$$A_{23}=A_3-A_3-KDJ$$
$$A_{89}=A_9-A_8-KDJ$$
$$A_{91}=A_1-A_9-KDJ$$

在优化中，可以给定刀翼夹角 $A_{[i][i+1]}$ 的范围（通常为下限值）。

② 刀翼夹角比值约束条件与排屑槽结构优化。

设定：V_j 为刀翼上单个切削齿破碎岩石的体积，$j=1，2，3，\cdots，$；SV_i 为刀翼上切削齿破碎岩石体积之和，$SV_i=\sum V_j$；N 为刀翼数量；$OA_{[i][i+1]}$ 为刀翼理想夹角；$RA_{[i][i+1]}$ 为刀翼夹角与理想夹角的比值；OBJ 为设定目标参数，$OBJ=abs(1-RA_{[i][i+1]})$。

则：

$$OA_{[i][i+1]}=SV_i/\sum SV_i \cdot (360-N \cdot KDJ)$$
$$RA_{[i][i+1]}=A_{[i][i+1]}/OA_{[i][i+1]}$$

该比值为可作为约束条件，例如 0.85~1.15。

$$OBJ=abs(1-RA_{[i][i+1]})$$

该值可作为优化目标，值越小，说明钻头排屑能力越好。

（5）8½XM616PRD 所受初始不平衡力计算结果。

不平衡力 48lbt，不平衡度 1.5%，径向力 34lbf，切削力 30lbf，径向力/切削力 =1.1。

侧向不平衡力计算结果表明，XM616PRD 所受的侧向不平衡度为 1.5%，钻头发生振动等危害钻头使用寿命的可能较小，如图 4.17 所示。

（6）8½XM516ARD 初始不平衡力计算结果。

不平衡力方向为 53°，不平衡力 260lbf，不平衡度 2.7%，径向力/切削力 0.4，径向力方向为 338°，径向力 114lbf，切削力方向为 78°，切削力 253lbf。

侧向不平衡力计算结果表明，XM516ARD 的侧向不平衡度为 2.7%，钻头发生振动等危害钻头使用寿命的可能较小，如图 4.18 所示。

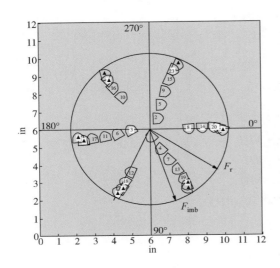 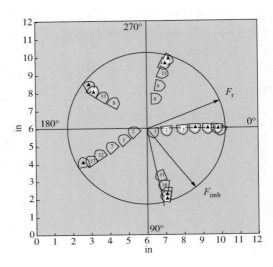

图 4.17　8½XM616PRD 所受初始不平衡力　　　　图 4.18　8½XM516ARD 初始不平衡力

4.2.5　钻头有限元分析

首先进行单元选择及网格划分。进行有限元分析计算，合理的单元类型和形状的选择以及网格的安排与布置是十分关键的。划分单元网格时，选用四面体 10 节点单元（四面体 10 节点单元具有较高的刚度以及较高的计算精度）。

从运算时间和精度上考虑，设置单元尺寸大小为 10，采用自由网格划分单元。同时，软件自动在钻头下体比较细小结构特征区域布置较密的网格，如孔、弯角区，在应力变化平缓的区域，布置较稀疏的网格。这样做可以同时满足精度与效率两方面的要求。从而生成钻头下体的有限元模型，其有限元模型有单元 52070 和节点 83017 个（图 4.19）。对其位移—变形、应力和强度进行分析，其分析云图如下：

（1）ϕ165.1mm SF54VH3 钻头位移云图——变形分析如图 4.20 所示。

（2）ϕ165.1mm SF54VH3 钻头应力分析云图如图 4.21 所示。

（3）ϕ165.1mmSF54VH3 钻头下体强度校核如图 4.22 所示。

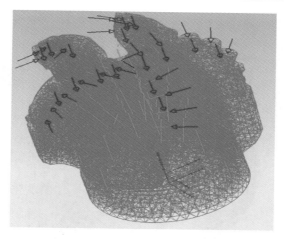

图 4.19　对钻头进行有限元分析

图 4.20　φ165.1mm SF54VH3 钻头位移云图——变形分析

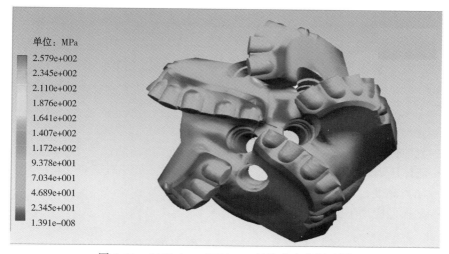

图 4.21　φ165.1mm SF54VH3 钻头应力分析云图

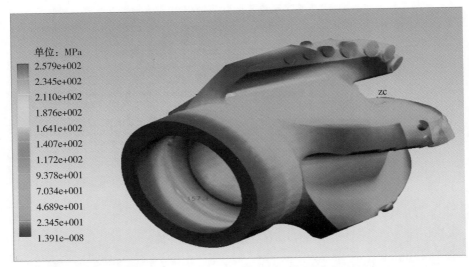

图 4.22 φ165.1mm SF54VH3 钻头下体强度校核云图

4.3 钻头水力学设计与分析

针对地层岩石的物理性能，对钻头的水力结构设计，采用 CFD 数值模拟方法分析流体对切削过程中产生岩屑的翻转、运移、举升能力及对钻头的冷却和清洗情况。

4.3.1 基本控制方程

根据 CFD 理论可知，钻头井底流动遵循包括质量守恒、动量守恒和能量守恒三大规律，钻头井底流场物理模型属于复杂结构的三维湍流流场，湍流计算使用雷诺时均 Navier Stokes 方程以及标准 $k—\varepsilon$ 模型，计算介质采用清水介质，连续方程和雷诺时均 $N—S$ 控制方程如下：

$$\frac{\partial u}{\partial x}+\frac{\partial v}{\partial y}+\frac{\partial w}{\partial z}=0 \tag{4.8}$$

$$\frac{\partial}{\partial x_j}(\rho u_i u_j)=-\frac{\partial p}{\partial x_i}+\frac{\partial}{\partial xj}\left(\mu\frac{\partial \mu_i}{\partial x_j}-\rho\overline{u'_i u'_j}\right)=0 \tag{4.9}$$

式中 u，v，w——x，y，z 三个方向的速度；

$\rho\overline{u'_i u'_j}$——雷诺系数；

ρ——流体密度，g/cm^3；

p——流体压力，MPa；

μ——动力黏度，Pa·s。

标准 $k—\varepsilon$ 模型模型下的封闭方程如下：

$$\frac{\partial}{\partial t}(\rho\kappa)+\frac{\partial}{\partial x_j}(\rho u_j \kappa)=\frac{\partial}{\partial x_j}\left[\left(\mu+\frac{\mu_i}{\sigma_\kappa}\right)\frac{\partial \kappa}{\partial x_j}\right]+G_\kappa-\rho\varepsilon=0 \tag{4.10}$$

$$\frac{\partial}{\partial t}(\rho\varepsilon)+\frac{\partial}{\partial x_j}(\rho u_j\varepsilon)=\frac{\partial}{\partial x_j}\left[\left(\mu+\frac{\mu_i}{\sigma_\varepsilon}\right)\frac{\partial\varepsilon}{\partial x_j}\right]+\frac{\varepsilon}{\kappa}(C_{\varepsilon1}P_\kappa-C_{\varepsilon2}\rho\varepsilon)=0 \tag{4.11}$$

式中　k——湍动能，J；

　　　　ε——湍动能耗散率，%；

　　　　μ_i——湍流黏度，Pa·s。

$$G_\kappa=\mu_i\left(\frac{\partial\mu_i}{\partial x_j}+\frac{\partial\mu_j}{\partial x_i}\right)\frac{\partial\mu_i}{\partial x_j} \qquad (i,j=1,2,3) \tag{4.12}$$

式中　G_k——层流速度梯度而产生的湍动能，J。

4.3.2　XM616PRD 水力设计分析

（1）XM616PRD 模型建立。

采用自适应性强的四面体网格，并对局部进行了网格细化，全局参数设置为2，切削齿面网格单元大小为1，喷嘴面网格单元大小为2，网格总数为792123，网格平均质量为0.74，网格划分具体如图4.23所示。

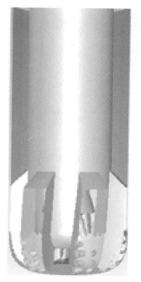

图 4.23　XM616PRD 水力模型及刀翼和喷嘴的位置图

（2）边界条件。

入口条件设置为速度入口，根据推荐排量 33L/s 得入口速度为 12.8m/s；出口条件设置为压力出口；固壁边界条件为壁面无滑移条件，近壁区采用壁面函数法处理，流体介质为清水。

（3）模拟结果及分析。

① 模拟结果一。模拟时输入条件见表4.5。

表 4.5　XM616PRD 喷嘴参数表（A）

喷嘴号	水眼直径（mm）	水眼长度（mm）	水眼方位角（°）	水眼喷射角（°）	水眼偏移角（°）	内径（mm）
喷嘴 1	20	30	58	10	36	17.46
喷嘴 2	20	50	106	25	−23	17.46
喷嘴 3	20	40	176	13	−21	17.46
喷嘴 4	20	40	225	25	−18	17.46
喷嘴 5	20	32	299	10	22	17.46
喷嘴 6	20	35	346	19	28	17.46

　　输出结果：井底湍流强度——分析流体对岩屑的翻转能力（图 4.24），井底漫流速度——分析流体对井底岩屑的运移能力（图 4.25），钻头表面壁面切应力——分析流体对钻头表面的清洗和冷却情况（图 4.26），井底流线——分析流体在井底的流动情况（图 4.27）。

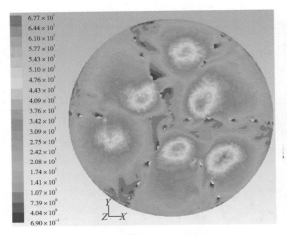

图 4.24　XM616PRD 水力模型模拟
分析结果——井底湍流强度（%）

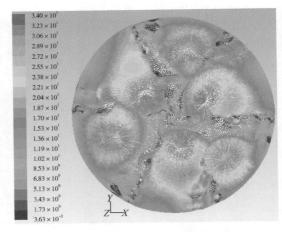

图 4.25　XM616PRD 水力模型模拟
分析结果——井底漫流速度（m/s）

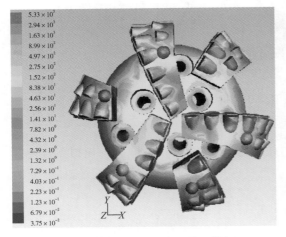

图 4.26　XM616PRD 水力模型模拟
分析结果——钻头表面速度（m/s）

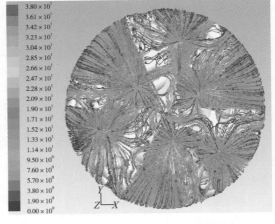

图 4.27　XM616PRD 水力模型模拟
分析结果——井底流线（m/s）

刀翼表面壁面切应力大小——分析液流对切削齿的清洗和冷却，如图 4.28 所示。

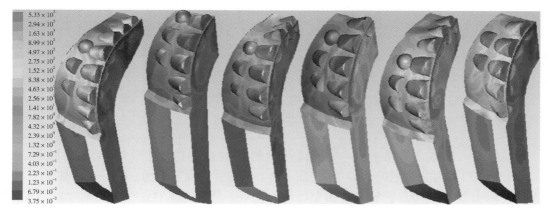

图 4.28　刀翼壁面切应力大小(MPa)

液流上返流线如图 4.29 所示，由图可知沿排屑槽上返的流线流动顺畅流体对岩屑的上举能力强。

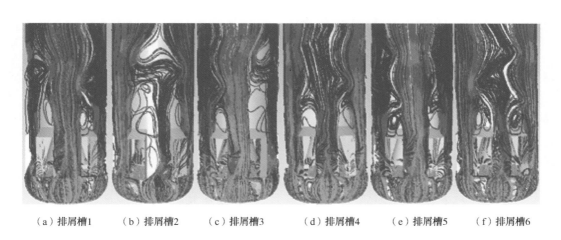

（a）排屑槽1　　（b）排屑槽2　　（c）排屑槽3　　（d）排屑槽4　　（e）排屑槽5　　（f）排屑槽6

图 4.29　液流上返流线

计算结果分析：从图 4.25 的井底湍流强度分析可知，井底最大湍流强度为 67.7%，最小湍流强度为 0.7%，流体对岩屑的翻转能力较好。从图 4.26 的井底漫流速度分析可知，井底最小漫流速度为 0.04m/s，井底漫流速度最大为 34m/s。流体对井底岩屑的运移能力较好。从图 4.27 和图 4.28 的钻头表面及切削齿表面的壁面切应力大小分布分析可知，壁面切应力分布均匀，流体对钻头表面的清洗和冷却情况较好。从图 4.29 的井底流线分析可知，井底的流线流动顺畅，流体在井底的流动情况较好。湍流强度较低处位于齿背部，各刀翼切削齿上的壁面切应力分布较好，能够有效地冷却切削齿，井底流线分布均匀，液流上返较为顺畅。

② 模拟结果二。模拟时输入条件见表 4.6。

表4.6　XM616PRD 喷嘴参数（B）

喷嘴	PZ_H（mm）	PZ_R（mm）	PZ_FWJ（°）	PZ_PSJ（°）	PZ_PYJ（°）	D（mm）
喷嘴 1	34	25	42	15	27	11.9
喷嘴 2	32	46	80	20	23	11.9
喷嘴 3	32	44	143	22	−20	11.9
喷嘴 4	33	31	210	16	−26	11.9
喷嘴 5	32	43	254	15	21	11.9
喷嘴 6	32	48	304	22	23	11.9

输出结果：井底湍流强度——分析流体对岩屑的翻转能力（图 4.30），井底漫流速度——分析流体对井底岩屑的运移能力（图 4.31），刀翼表面切应力——分析流体对刀翼的清洗和冷却能力（图 4.32），钻头表面壁面切应力——分析流体对钻头表面的冲蚀情况（图 4.33），井底流线——分析流体在井底的分布情况（图 4.34），液流上返流线——分析流体对岩屑的上举能力（图 4.35）。

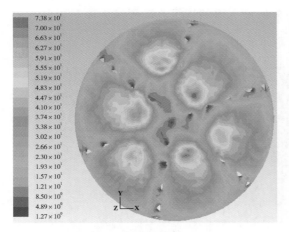

图 4.30　井底湍流强度（%）

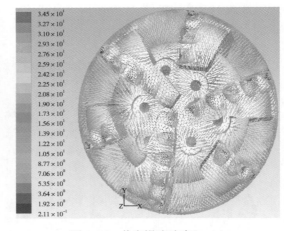

图 4.31　井底漫流速度（m/s）

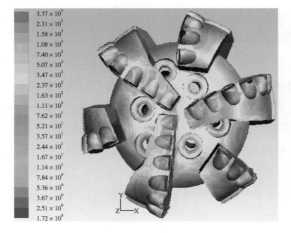

图 4.32　钻头壁面切应力（MPa）

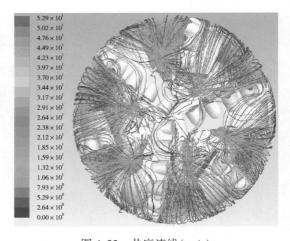

图 4.33　井底流线（m/s）

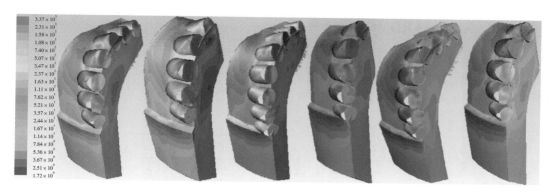

图 4.34 刀翼壁面切应力（MPa）

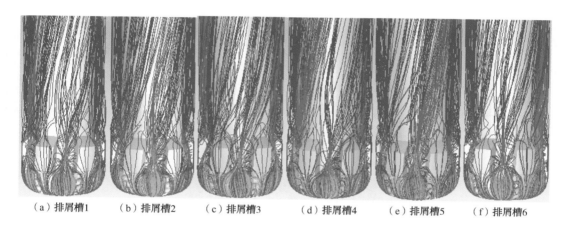

（a）排屑槽1　（b）排屑槽2　（c）排屑槽3　（d）排屑槽4　（e）排屑槽5　（f）排屑槽6

图 4.35 液流上返流线

刀翼表面壁面切应力大小—分析液流对切削齿的清洗和冷却（表 4.7）。

表 4.7 刀翼壁面切应力

刀翼		刀翼 1	刀翼 2	刀翼 3	刀翼 4	刀翼 5	刀翼 6
壁面切应力（Pa）	最大值	2827	2772	3370	2752	2270	3184
	最小值	1.72	3.3	3.23	3.8	5.2	4.0

计算结果分析：从图 4.34 的井底湍流强度分析可知，井底最大湍流强度为 73.6%，最小湍流强度为 0.13%。湍流强度较低处主要位于切削齿的齿背部。从图 4.32 的井底漫流速度分析可知，井底最小漫流速度为 0.2m/s，最大漫流速度为 34.5m/s。钻头中心有小漩涡。从图 4.33 和图 4.34 的钻头表面及切削齿表面的壁面切应力大小分布分析可知，切应力的分布比较均匀，能够有效地冷却和清洗切削齿。相对而言，靠近保径处的几颗切削齿上的切应力较低。从图 4.35 分析可知，井底流线分布较为均匀。液流沿各排屑槽的上返流线整体上看比较顺畅。

（4）XM616PRD 水力分析结论。

湍流强度较低处主要位于切削齿的齿背部，切应力的分布整体看比较均匀，能够有效地冷却和清洗切削齿，井底流线和液流上返流线分布较顺畅。

4.3.3　XM516ARD 水力设计分析

（1）XM516ARD 模型建立。

① 几何模型。在 PDC 钻头实体模型的基础上建立水力模型。钻头吃入地层 0.77mm，保径与井壁贴合，喷嘴参数见表 4.8，刀翼及对应喷嘴位置如图 4.36 所示。

表 4.8　喷嘴参数表

喷嘴号	PZ_H(mm)	PZ_R(mm)	PZ_FWJ(°)	PZ_PSJ(°)	PZ_PYJ(°)	D(mm)
PZ_01	23	15	342	12	60	12.7
PZ_02	23	54	302	15	28	12.7
PZ_03	23	42	20	21	45	12.7
PZ_04	23	43	80	23	21	12.7
PZ_05	23	27	180	15	35	12.7
PZ_06	23	32	155	20	31	12.7
PZ_07	23	45	226	18	40	12.7

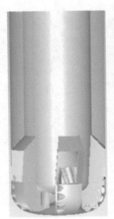

图 4.36　XM516ARD 水力模型及刀翼和喷嘴的位置

② 网格模型。采用自适应性强的四面体网格，并对局部进行网格细化，全局参数设置为 1.5，切削齿面网格单元大小为 1，喷嘴面网格单元大小为 2，网格总数为 980933，网格平均质量为 0.74。

（2）边界条件。

入口条件设置为速度入口，根据推荐排量 32L/s 得入口速度为 12.48m/s；出口条件设置为压力出口；固壁边界条件为壁面无滑移条件，近壁区采用壁面函数法处理，流体介质为清水，具体参数见表 4.8。

（3）计算结果输出。

井底湍流强度——分析流体对岩屑的翻转能力（图 4.37），井底漫流速度——分析流体对井底岩屑的运移能力（图 4.38），钻头表面壁面切应力——分析流体对钻头表面的清洗和冷却情况(图 4.39),井底流线——分析流体在井底的流动情况(图 4.40)。

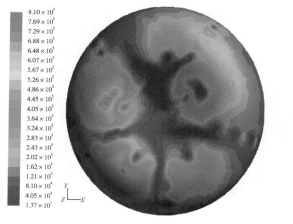

图 4.37　井底湍流强度(%)

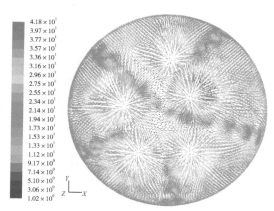

图 4.38　井底漫流速度(m/s)

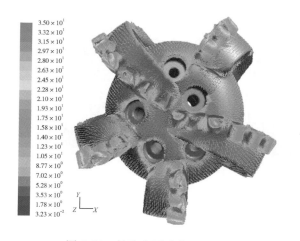

图 4.39　钻头表面速度(m/s)

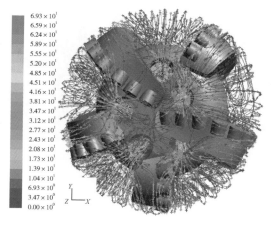

图 4.40　井底流线(m/s)

刀翼表面壁面切应力大小——分析液流对切削齿的清洗和冷却。

(4) 计算结果分析。

从图 4.37 的井底湍流强度可知,井底最大湍流强度为 61.4%,最小湍流强度为 0.65%。湍流强度低处主要位于切削齿背部,湍流强度分布良好。从图 4.38 和图 4.39 可知,井底最小漫流速度为 0.13m/s,井底漫流速度最大为 28.6m/s。中心两个喷嘴在井底的漫流速度最大,在几股射流漫流层的交界处有小漩涡,由于在切削齿的前方,故不会对齿有影响。从图 4.41 的井底流线可知,井底的流线分布良好。从图 4.40 的钻头表面及切削齿表面的壁面切应力大小分布可知,切削齿上壁面切应力分布良好,能有效地冷却清洗切削齿。从图 4.41 的液流上返流线可知,液流沿排屑槽上返顺畅,效果良好。

液流上返流线——分析流体对岩屑的上举能力(图 4.42)。

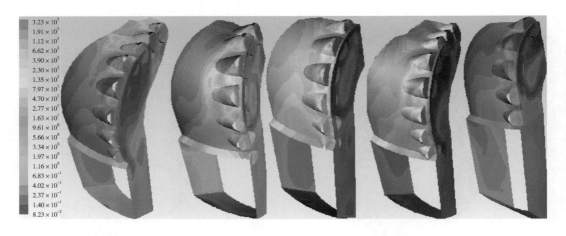

图 4.41　刀翼壁面切应力大小(MPa)

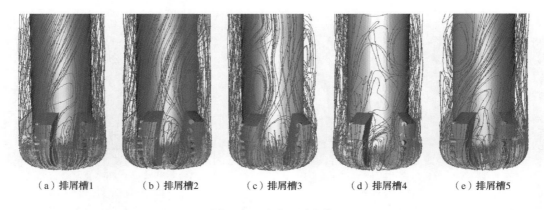

（a）排屑槽1　　（b）排屑槽2　　（c）排屑槽3　　（d）排屑槽4　　（e）排屑槽5

图 4.42　液流上返流线

（5）XM516ARD 水力分析结论。

湍流强度分布良好，壁面切应力分布均与，有利于冷却清洗切削齿。井底流线和上返流线分布良好，流动顺畅。

4.3.4　PDC 钻头的三维仿真设计

（1）用三维仿真技术实现 PDC 钻头个性化设计分两个阶段：

第一阶段，首先应用三维实体仿真技术，按照设计方案对钻头的各部件逐一进行三维实体造型仿真。然后，将完成的三维部件模型按其相互装配关系装成虚拟钻头模型，对其中发生干涉的尺寸、结构及时进行修正。

第二阶段，应用运动仿真技术，对钻头进行运动仿真。通过确定钻头、井壁(直井、定向井)的限定运动关系，模拟实际工作过程，检查钻头在井下受力工作情况，以保证在钻进工作运动过程中地层与所有钻头部件不发生干涉和 PDC 齿吃入地层的效率(图 4.43)。通过计算 PDC 齿在轴线方向与地层的切削面积，确定钻头对地层的攻击效果。

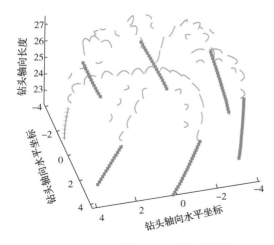
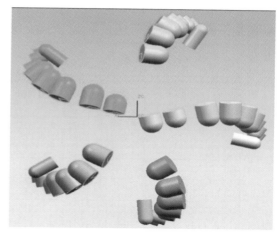

图 4.43　布齿参数仿真与齿工作仿真(PDC 齿吃入地层模拟)

（2）PDC 钻头的三维仿真设计。

① 工作稳定性仿真设计。根据对 PDC 钻头损坏特征的大量统计，60%以上的 PDC 钻头破坏是因为钻头在井下发生回旋涡动后造成钻头工作失稳或井下振动，切削齿冲击过大使钻头先期破坏(图 4.44)。PDC 钻头设计重点考虑了为提高钻头工作稳定性进行的"力平衡""能量平衡"和抗回旋涡动设计。确定了横向和轴向不平衡力控制在 2.5%以内，相邻齿间不平衡力距控制在 4%以内，轴向不平衡力矩控制在 2.5%以内等多项稳定性设计指标。

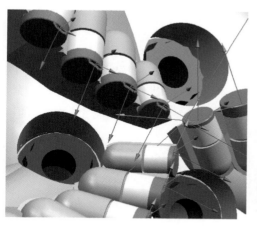
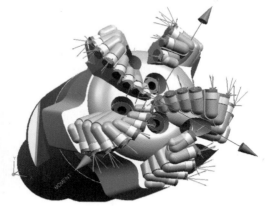

图 4.44　齿工作载荷仿真与钻头工作稳定性仿真

根据输入的钻头参数和运动模式，应用仿真技术分别计算全部 PDC 齿吃入地层的面积和产生的 X 轴、Y 轴和 Z 轴三个方向矢量力和力矩，再叠加成钻头承受的矢量合力和力矩，确定计算结果满足上述各项设计参数符合稳定性设计指标。如不满足，则需要反复调整设计参数。

② 钻砾石层、夹层仿真分析。钻头在侏罗系八道湾组厚层底砾岩及三叠系克拉玛依组含砾地层、百口泉组砂砾岩，工作时容易产生较强的冲击载荷和振动，造成钻头鼻部和外锥部位的切削齿因冲击载荷过大而导致先期破坏。应用运动仿真技术，对钻头钻夹层进行运动

仿真，分析最薄弱部位 PDC 齿承受的冲击载荷。如果冲击载荷峰值过大，需要对设计参数重新调整，或增加高载荷区的布齿密度，降低或调整该部位对 PDC 齿的冲击峰值(图4.45)。

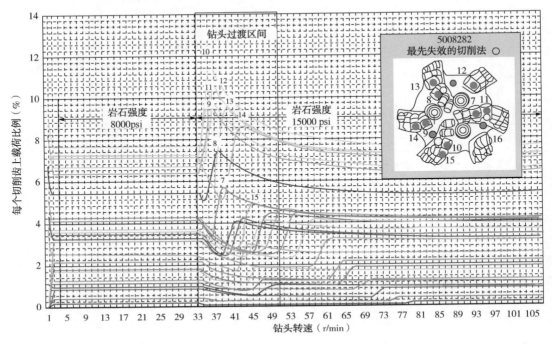

图 4.45　钻头钻砾石层、夹层稳定性与 PDC 齿工作载荷仿真

（3）钻头 PDC 齿磨损仿真预告。

钻头设计完成后，根据设定的岩石物理特性参数、钻井参数和钻头选用的 PDC 齿型，对钻头按照半径方向进行磨损仿真分析检查，包括有无磨损超出平均磨损值的部位，金刚石量级分布与磨损严重程度是否合理，设计金刚石含量总克拉重量等。对磨损超出平均值的部位需要调整刀翼设计、布齿参数和布齿密度(图 4.46)。

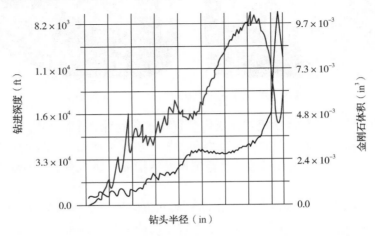

图 4.46　应用三维仿真中的预测工程技术预测钻头的磨损状态

（4）流场动态分析。

利用 CFD 软件进行流场动态分析，如图 4.47 所示。

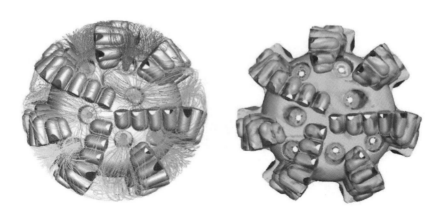

图 4.47　利用 CFD 软件进行流场动态分析

（5）钻头工作状态仿真运算。

应用 IBitS 软件进行钻头设计个性化设计，根据地层三轴抗压强度的计算结果，在设计的钻井参数条件下，模拟钻头在井下的工作状态和稳定性情况。如果稳定性达不到要求的指标，需要对钻头设计参数和切削齿的布齿参数作进一步调整（图 4.48）。

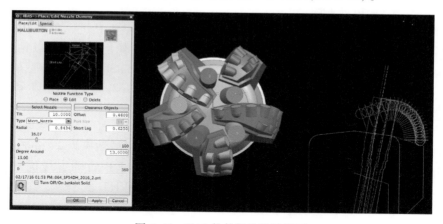

图 4.48　IBitS 软件钻头设计界面

4.4　钻头现场试验

4.4.1　地层与 PDC 钻头对应序列

玛湖地区直井/定向井 PDC 钻头个性化设计特征：

（1）ϕ311.2mm SF56VH3。5 刀翼 19mm 复合片高抗研磨性 H3 齿，低后倾角 12°~25°，大流道设计，7 水眼优化水力设计，防泥包涂层设计，3.5in 加强防斜保径设计。适合于上部较软地层。

（2）ϕ311.2mm SF65DH3。装配高性能 H3 齿，6 刀翼双排齿钻头，前排齿后倾角 18°～25°，后排齿 15°～20°，13mm 和 16mm 复合片混合布齿设计，适应砂砾含量高地层、中—硬地层，钢体钻头，大流道，6 水眼优化水力设计，防泥包涂层设计，加强保径设计。适合于八道湾组砾石层。

（3）ϕ241.3mm SF56VH3。优质强抗研磨性 H3 齿，低后倾角 10°—12°—18°—25°，19mm 复合片强攻击性布齿设计，大流道，7 水眼优化水力设计，防泥包涂层设计，3in 加强防斜保径设计。适合于八道湾组砾石层

（4）ϕ215.9mm SF65DH3。装配高抗研磨性能 H3 齿，6 刀翼双排齿钻头，前排齿后倾角 18°～25°，后排齿 15°～20°，16mm 和 13mm 混合布齿适应砂砾含量高地层、中—硬地层，钢体钻头，大流道，5 水眼优化水力设计，防泥包涂层设计，加强保径设计。适合于八道湾组砾石层。

（5）ϕ165.1mm SF54VH3。5 刀翼 13mm 复合片高抗研磨性 H3 齿，低后倾角 10°～18°，大流道直刀翼设计，5 水眼优化水力设计，防泥包涂层设计，2in 加强防斜保径设计。适合于三叠系含砾地层。

（6）ϕ165.1mm SF44VH3。优质强抗研磨性 H3 齿，低后倾角 10°—12°—17°—25°，13mm 复合片强攻击性布齿设计，大流道、4 水眼优化水力设计，防泥包涂层设计，2in 加强防斜保径设计。适合于三叠系含砾地层。

玛湖地区地层与 PDC 钻头对应序列：

（1）八道湾组 J_1b 以上地层。

八道湾组 J_1b 以上地层主要为砂泥岩地层，适合于 PDC 钻头钻进。单只 PDC 钻头进尺 2300m 左右，机械钻速 13～17m/h，最高达到 21.43m/h，基本上一趟钻可以钻到八道湾组底砾岩以上地层。其中玛 18 井区小三开井二开使用 ϕ241.3mmSF56VH3 一趟钻钻穿八道湾组底砾岩。八道湾组 J_1b 以上地层最优的钻头序列为 ϕ311.2mm SF56VH3 和 ϕ241.3mm SF56VH3 等类型。

（2）八道湾组 J_1b 底砾岩。

玛湖斜坡区单只 PDC 钻头最好进尺为 400～500m，平均机械钻速为 4～6m/h。实现一趟钻钻穿八道湾组底砾岩且进入白碱滩部分地层。八道湾组 J_1b 底砾岩最优的钻头序为：ϕ311.2mm SF65DH3、ϕ215.9mm SF65DH3 和 ϕ241.3mmSF56VH3 等类型。

（3）三叠系地层。

单只 PDC 钻头进尺为 620～1000m，平均机械钻速为 4～6m/h。最优的钻头序列为：ϕ215.9mm SF54VH3、ϕ165.1mmSF44VH3（直井）和 ϕ165.1mmSF54VH3（定向井）等类型。

应用研发的 PDC 钻头，单只 PDC 钻头钻八道湾组砂砾岩及砾石层 300～520m，单只 PDC 钻头三叠系含砾地层 550～830m，单只 PDC 钻头是国外史密斯钻头的 1.79～1.9 倍（表 4.9）。

表 4.9 研发 PDC 钻头应用效果综合对比分析

钻进地层	钻头型号	进尺（m）	机械钻速（m/h）	和国内外钻头对比
八道湾组（底砾岩）	ϕ311.2mmSF65DH3 ϕ241.3mmSF56VH3	300～520	3.2～4.5	平均进尺提高 90.6%
	国外（史密斯等）钻头	140～290	2.5～6.2	
	国产（新锋锐等）钻头			

续表

钻进地层	钻头型号	进尺（m）	机械钻速（m/h）	和国内外钻头对比
三叠系 （含砾岩地层）	ϕ215.9mmSF54VH3 ϕ165.1mmSF44VH3	550~830	4.6~5.5	平均进尺较国外提高 79.2%、 较国产提高 193.6%
	国外（史密斯等）钻头	300~430	2.3~3.5	
	国产（新锋锐等）钻头	150~320	1.3~2.1	

4.4.2　个性化 PDC 钻头试验效果

XM616PRD 在 7 级可钻性、抗压强度 100MPa 以下的地层可获得极高的机速和行程；但可钻性达到 8 级时，钻头磨损速度急速上升，表现为钻速迅速衰减和行程大幅降低。凝灰质岩性可钻性级值与抗压强度略低，XM616PRD 的适应性较强。XM516ARD 在 6 级可钻性、抗压强度 100MPa 以下的地层可获得极高的机速，钻头正常磨损；可钻性级值同为 6，抗压强度上升至 120~160MPa 时钻头磨损速度急速上升，表现为钻速迅速衰减，钻头出井磨损严重。凝灰质岩性抗压强度略低，XM516ARD 的适应性较强，可在快速钻进的同时，实现较高的钻头行程，如图 4.49 所示。

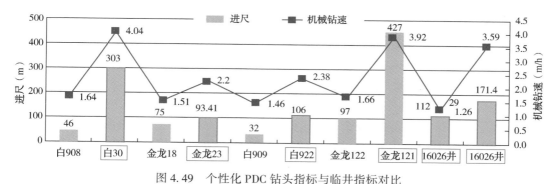

图 4.49　个性化 PDC 钻头指标与临井指标对比

个性化 PDC 钻头平均机械钻速为 3.24m/h，较邻井提高 45.7%~184.9%，钻头行程也提高了 30.0%~558.2%；机械钻速较国内其他油田提高 75.5%，获得了较好的提速效果，如图 4.50 所示。

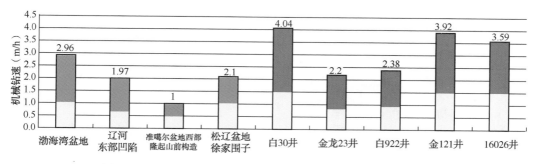

图 4.50　个性化 PDC 钻头指标与国内其他油田火成岩指标对比

第5章 防漏堵漏钻井液技术

玛湖斜坡区压力系统复杂，岩性变化大，砾石层裂缝发育，井壁稳定性差，漏垮层段多、漏失压力低、漏失量大，安全密度窗口窄，防漏堵漏难度大。应用多元协同井壁稳定理论，采用"协同增效"技术方法，形成了适用于玛湖地区的多元协同钻井液技术与配方。通过室内优选与现场实践，建立了适用于玛湖地区的防漏堵漏技术，有效减少了玛湖地区井漏复杂情况。

5.1 岩石理化特性分析

5.1.1 岩石矿物成分分析

研究易塌地层岩石的理化性能及矿物成分，可以对有效解决局部地层井壁失稳提供必要的技术数据。通过 X 射线衍射技术对玛湖地区三工河组 J_1s、白碱滩组 T_3b、克拉玛依组 T_2k、百口泉组 T_1b、乌尔禾组 P_2w 岩样进行地层岩样矿物成分及理化特性测定。

（1）全岩矿物成分定量分析。

玛湖地区三工河组 J_1s、白碱滩组 T_3b、克拉玛依组 T_2k、百口泉组 T_1b、乌尔禾组 P_2w 的岩屑全岩室内评价分析表明（表 5.1）：J_1s 黏土含量低（约 35%）；三叠系 T_3b、T_2k 和 T_1b 及二叠系 P_2w 岩样黏土矿物总含量约 50% 左右，具有水敏性的物质基础。

表 5.1 全岩分析数据表

序号	岩样层位	矿物含量（%）						
		黏土总量	石英	正长石	斜长石	方解石	白云石	黄铁矿
1	三工河组 J_1s	34.68	48.90	6.32	10.11	0.00	0.00	0.00
2	白碱滩组 T_3b	55.41	32.81	3.75	8.03	0.00	0.00	0.00
3	克拉玛依组 T_2k	46.34	31.13	4.22	18.32	0.00	0.00	0.00
4	百口泉组 T_1b	49.54	37.74	0.00	8.42	0.00	0.00	4.31
5	乌尔禾组 P_2w	48.47	33.28	2.13	16.12	0.00	0.00	0.00

（2）黏土矿物成分定量分析。

玛湖地区三工河组 J_1s、白碱滩组 T_3b、克拉玛依组 T_2k、百口泉组 T_1b、乌尔禾组 P_2w 的岩屑黏土矿物成分定量分析表明（表 5.2）：侏罗系 J_1s 黏土矿物中含有少量弱膨胀矿物及大量强分散性矿物，且该地层黏土矿物总量较低，地层具有弱膨胀、强分散的矿物基础；三叠系 T_3b、T_2k 和 T_1b 及二叠系 P_2w 黏土矿物总量相当，且膨胀性黏土矿物含量相当。

表 5.2　黏土矿物成分分析数据表

序号	岩样层位	黏土矿物相对含量(%)					间层比
		伊利石(I)	蒙脱石(S)	伊/蒙混层(I/S)	高岭石(K)	绿泥石(C)	(%S)
1	三工河组 J_1s	11.8	0.0	36.1	32.6	19.5	25
2	白碱滩组 T_3b	37.9	0.0	34.1	10.5	17.5	25
3	克拉玛依组 T_2k	20.5	0.0	45.6	22.1	11.9	30
4	百口泉组 T_1b	27.5	0.0	40.3	23.1	9.1	30
5	乌尔禾组 P_2w	34.1	0.0	38.2	17.3	10.4	30

因此，玛湖地区易塌地层含有弱膨胀黏土矿物和大量水敏分散性黏土矿物，地层具有不易膨胀、强分散的矿物基础。

5.1.2　地层水化能力评价

（1）水化分散能力评价。

对三工河组 J_1s、白碱滩组 T_3b、克拉玛依组 T_2k、百口泉组 T_1b、乌尔禾组 P_2w 岩样采用分样筛制样成 6~10 目的岩样备用，分别测试地层岩样在清水中 100℃ 条件下滚动 16h 后的回收率，实验数据见表 5.3。

表 5.3　岩样分散性评价实验表

序号	地层	热滚前岩样质量(g)	热滚后岩样质量(g)	回收率(%)
1	J_1s	50	3.21	6.42
2	T_3b	50	3.22	6.44
3	T_2k	50	7.56	15.12
4	T_1b	50	5.86	11.72
5	P_2w	50	6.17	12.34

注：热滚温度100℃，滚动时间16h，测试溶液蒸馏。

由表 5.3 实验数据可知，玛湖地区易失稳地层岩样的清水滚动回收率异常低，均小于 20%，属于强水化分散性地层。

（2）水化膨胀能力评价。

将三工河组 J_1s、白碱滩组 T_3b、克拉玛依组 T_2k、百口泉组 T_1b 和乌尔禾组 P_2w 的岩屑粉碎，并过 100 目分样筛，干燥并恒温储存备用。分别测试地层岩屑（过 100 目）16h 的线性膨胀率，实验结果见表 5.4。

表 5.4　岩样膨胀性评价实验表

序号	样品层位	2h 线膨胀率(%)	16h 线膨胀率(%)
1	J_1s	12.36	13.33
2	T_3b	17.5	19.08
3	T_2k	14.49	16.36
4	T_1b	13.53	15.29
5	P_2w	13.42	16.13

由表 5.4 实验结果可知，玛湖地区易失稳地层三工河组 J_1s、白碱滩组 T_3b、克拉玛依组 T_2k 及百口泉组 T_1b 岩样 2h 线性膨胀率与膨润土相当，16h 膨胀率较低，表明玛湖地区易失稳地层与水接触时的初始膨胀较快，但水化膨胀会逐渐变缓，16h 的线性膨胀率介于 10%~20%，属于弱膨胀地层。

综合实验评价表明，玛湖地区地层黏土矿物含有弱膨胀性及大量强水敏分散性矿物，岩样中活性土含量较低，岩样水化线性膨胀率低，但滚动回收率低，属于弱膨胀，强分散性地层，表明钻井液应以提高抑制分散能力为主，兼顾抑制地层膨胀。

5.2　关键处理剂评价与优选

5.2.1　降失水剂的评价与优选

在钻井过程中，钻井液的滤液侵入地层会引起泥页岩水化膨胀，严重时导致井壁不稳定和各种井下复杂情况，加入降滤失剂，能够在井壁上形成低渗透率、薄而致密的滤饼，尽可能降低滤失量。常温钻井液降失水剂采用标准的钻井液 API 失水测定方法进行测定，高温高压钻井液降失水剂采用 GB/T 16783.1—2014 进行测定。

（1）实验药品。

主要选择常用的降失水剂做实验评价，如表 5.5 所示。

表 5.5　降失水剂实验评价药品表

序　号	样品名称及代号	级　别
1	Redu1	工业级
2	MAN101	工业级
3	SP-8	工业级
4	HJ-3	工业级
5	SY-3	工业级
6	JT888	工业级
7	JK-3	工业级
8	SMP-1	工业级
9	褐煤树脂 SPNH	工业级

（2）实验结果与分析。

① 不同种类降失水剂比较。通过对不同浓度下各降失水剂在老化前后降失水能力对比，优选高效降失水剂，对比结果如图 5.1 和图 5.2 所示。

由图 5.1 分析可知，随着降失水剂浓度的增加，不同处理剂对应的老化前的 API 失水量均有所减小，但减小的幅度有所差异，有的加量对其失水量的影响显著，热滚老化前降失水效果最好的前 4 种分别是 SY-3、JT-888、MAN101 和 JK-3。由图 5.2 可知，MAN101 和 SY-3 老化后失水量均较小，且失水量随加量的增加幅度不大，其他类型的处理剂需要增加加量来达到二者类似的效果。

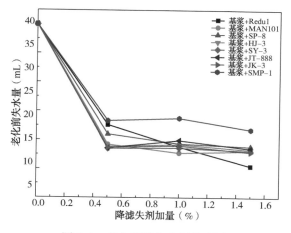

图 5.1　老化前降失水剂优选图

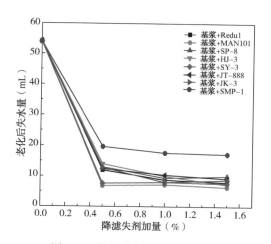

图 5.2　老化后降失水剂优选图

从图 5.3 可知，Redu1 抗高温能力最佳，其加量在 1.5% 才能达到最佳效果，也只有加量加到 1.5% 时才可以与其他处理剂到达类似的效果，进一步可以得到排在 Redu1 后面的处理剂则分别是 MAN101、JT-888 和 SY-3。

MAN101、JT-888 和 SY-3 是所有处理剂中效果比较好的，其加量是 0.5% ~ 1.5%，而抗温能力最优的是 Redu1，MAN101 属于聚合物类降失水剂，其抗温能达到 180℃ 以上能改变流变性、携砂好，具有抑制作用可用于低固相不分散钻井液又可用于分散钻井液；而 JT-888 也属于复合离子聚合物，是一种优良抗高温抗盐钙降滤失剂。

② 最优加量下的不同种类降失水剂比较。为了更加清晰地对比不同降失水剂在最优加量条件的降失水能力，将各处理剂最优加量下的老化前后及高温高压失水在柱状图中作对比，如图 5.4 所示。

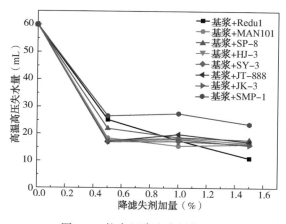

图 5.3　抗高温降失水剂优选图

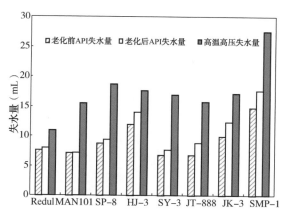

图 5.4　各降失水剂最优加量下失水量对比图

由图 5.4 可知，各种处理剂在其最优加量下的常温常压和高温高压条件下的降失水能力相差较大。钻井液的失水量越低，说明降失水剂的降失水能力越强。其中，降失水剂 Redu1 的 API 失水量和高温高压失水量均较低，表明降失水剂 Redu1 的降失水能力为评价实验中 8 种处理剂中最强，降失水剂 MAN101 和 JT-888 为其次。

5.2.2 包被剂的评价与优选

聚合物包被剂是一种大分子量的钻井液添加剂，可以多点吸附在钻屑或者黏土颗粒上，起到包裹阻水作用。包被剂的作用可以强抑制，减弱泥岩的压力传递以及水化作用，保持泥岩井壁的稳定。因此，评价方法类似于抑制性评价方法，主要有3种常用方法：线膨胀实验评价、粒度分布评价和流变性评价。每种评价方法评价包被剂的角度不一样，有其各自的优缺点，必须综合各种方法以评价和优选出包被剂。

（1）实验药品。

主要选择常用的包被剂进行实验评价，见表5.6。

表 5.6　包被剂实验评价药品表

序号	样品名称及代号	级别
1	IND10	工业级
2	MAN104	工业级
3	JB66	工业级
4	FA367	工业级
5	PMHA-2	工业级
6	80A51	工业级
7	KPAM	工业级

（2）实验结果与分析。

① 泥岩膨胀实验。泥岩的主要成分是黏土矿物，黏土矿物的强亲水性使得泥岩具有强烈的物理化学敏感性，特别是对水的敏感性。当地层泥岩接触到性质与地层流体不同的溶液后，泥岩将与水溶液发生系列物理化学作用，从而使其强度和应力状态改变，影响泥岩的稳定性。测试了浓度为0.5%时，不同的包被剂抑制泥岩水化膨胀程度，结果如图5.5所示。

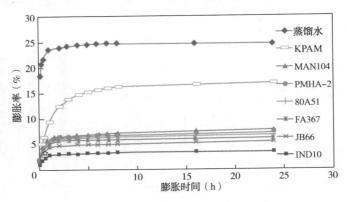

图 5.5　浓度为0.5%的各包被剂的膨胀率曲线图

在浓度为0.5%时，不同的包被剂抑制泥岩水化膨胀的效果不同，其中 IND10、JB66 和 FA367 的抑制膨胀的效果优于其他的包被剂。

② 泥页岩粒度分布评价。采用 HORIBA 公司的 LA-950V2 型激光粒度仪测量样品中颗粒的粒度及比表面积，测量的粒径范围为 0.01~3000μm。为了对比各包被剂对膨润土和钻屑岩样的包被能力，对比各种包被剂作用下的不同岩样特征粒度值和比表面积值，将测得的岩样特征粒度值和比表面积绘制为柱状对比图，如图 5.6 至图 5.7 所示。

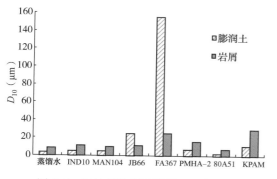

图 5.6　包被剂作用下岩样 D_{10} 对比图

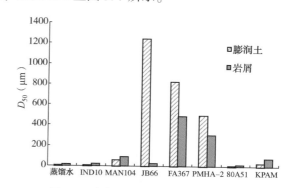

图 5.7　包被剂作用下岩样 D_{50} 对比图

从图 5.6 至图 5.8 可知，与未添加任何处理剂的蒸馏水作用下的膨润土和岩屑的特征粒度值相比，添加不同类型的包被剂后，膨润土和岩屑的特征粒度值均有不同程度的变化，其中，JB66、FA367 和 PMHA-2 的特征粒度值变化最明显。JB66 的特征粒度 D_{50} 和 D_{90} 最大，FA367 和 PMHA-2 对应的特征粒度值依次减小，说明 JB66 对岩样中的大颗粒的包被能力较强，FA367 次之；然而，FA367 作用下的膨润土和岩屑的特征粒度 D_{10} 最大，说明 FA367 对膨润土和岩屑中的细小颗粒的包被作用最强，JB66 作用下的岩屑和膨润土的特征粒度 D_{10} 较小，说明 JB66 对岩样有一定的包被作用，但对细小颗粒的包被作用弱于 FA367 的包被能力。

由体系中岩样比表面积对比图 5.9 可知，FA367 作用下的膨润土和岩屑的比表面积值最小，JB66、KPAM 和 PMHA-2 对应的比表面积值相差不大。可见包被剂 FA367 对膨润土和岩屑的包被能力优于其余几种包被剂，而 JB66、KPAM 和 PMHA-2 的包被效果相当。

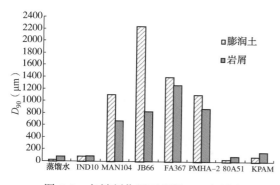

图 5.8　包被剂作用下岩样 D_{90} 对比图

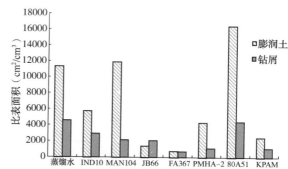

图 5.9　各种包被剂作用下岩样比表面积对比图

5.2.3　封堵剂的评价与优选

封堵剂是控制泥页岩水化的第一道膨胀，能够有效封堵微孔隙和微裂纹地层，保障井壁稳定。研制出模拟微裂缝的金属缝板，与高温高压静失水仪配套使用，形成能够模拟钻井作业工况的高温高压静滤失+模拟微裂缝封堵评价方法，有针对性地提高钻井液体系封堵能力。

（1）封堵类材料优选评价实验。

沥青类封堵材料是通过在一定温度压力下变软变形，然后嵌入封堵微裂缝，遍及整个微裂缝内部。

① 地层温度情况。玛湖地区实测的井底温度见表5.7。

表5.7 实测地层温度数据表

井号	层位	井深（m）	温度（℃）
玛湖1	P_2w_3	3950	82
玛湖2	P_2w	3280	74
玛湖3	P_2w	4120	91

② 软化点评价实验。取钻井液常用干粉沥青，对其软化点进行评价，结果见表5.8。

表5.8 沥青软化点数据表

样品序号	样品名称	软化点（℃）		
		平行样1	平行样2	均值
1	KH-n	88	88	88
2	阳离子乳化沥青	79	82	80.5
3	磺化沥青（干粉）	108	110	109
4	NFA-25	>100	>100	>100
5	SBA-1	108	114	111
6	PHT	87	89	88

实验表明，样品1、样品2和样品6适合玛湖地区井底温度。因此，建议在钻遇易漏地层之前加入KH-n、SDH或者PHT，增强钻井液的封堵造壁能力。

（2）封堵防塌评价新方法研究。

① 模拟微孔隙评价方法。由于钻井液滤纸的孔径不大于$30\mu m$，可以直接模拟微孔隙性地层，同测定高温高压降滤失剂的高温高压降滤失效果一样，通过在装满防塌封堵液的高温釜体中放入滤纸，形成滤饼，收集一定压差下不同温度的滤液。测定的基本原理相同，只是测定时不按照常规的高温高压静滤失实验步骤操作进行，在不违反仪器的操作规范，保证操作安全的情况下，对测试方法上进行了改进。

微孔隙评价方法：待仪器温度达到预设温度时，再根据需要测试的目的，控制压力的开启。测试温度、滤失量和时间之间的关系时，操作方法跟常规的高温高压静滤失仪的操作方法一致，测定不同温度条件下不同时间点的滤失量；测试压力、滤失量和时间之间的关系时，与微裂缝测试方法相似，高压端和低压端压力起初同时保持0.7MPa，然后打开上下阀门，逐步升高高压端压力，最大压差控制到3.5MPa，然后记录不同压力下的滤失量。测量完毕之后，取出滤饼，测量滤饼厚度，并观察微孔隙的封堵状态，根据不同的操作方法，结合滤失量分析封堵效果。

② 模拟微裂纹评价方法。国内外现有的封堵防塌评价方法大多只能模拟微孔隙或在100μm 以上大裂缝的裂缝形态,不能模拟 100μm 以下的微米级裂缝形态,对泥页岩微裂缝地层井壁稳定的评价存在一定的缺陷。

根据微裂缝性地层的特点,自行研制模拟微裂缝的金属缝板,与高温高压静失水仪配套使用,如图 5.10 至图 5.13 所示。通过尺规和螺钉的调节,钢块形成一定宽度的裂缝,能够模拟出 20~100μm 的地层微裂缝,该模拟出的微裂缝的深度为 8mm,裂缝内部粗糙。该裂缝既能拆卸也能固定,方便了清洗,又能观察裂缝内部的封堵情况,且模拟出的裂缝稳定,实验重复性强。由于与高温高压静失水仪配套使用,所以温度和压力都能得到非常好的控制,可以根据要求变化温度和压力,测试不同地层条件下的封堵效果,真实地反应了井下实际情况。此实验装置操作简单方便,能准确模拟地层微裂缝形态,对微裂缝地层井壁稳定的防塌封堵机理研究提供了技术支撑。

图 5.10　微裂缝正面图

图 5.11　微裂缝反面图

图 5.12　微裂缝放入高温高压斧体图

图 5.13　微裂缝可拆卸示意图

微裂缝封堵评价方法为:通过尺规调节微裂缝的大小,用螺钉固定,放入配套的装有封堵液的高温高压釜体里面。设定好温度,起初操作步骤类似高温高压静失水仪测定的操作步骤。待温度达到预设温度时,再根据需要测试的目的,控制压力的开启。测试温度、滤失量和时间之间的关系时,压力不变,高压端压力 4.2MPa,低压端压力 0.7MPa,压差 3.5MPa,然后打开上下阀门,在不同的时间记录滤失量;测试压力、滤失量和时间之间的关系时,温度保持不变,高压端和低压端压力起初同时保持 0.7MPa,然后打开上下阀门,逐步升高高压端压力,压差最大为 3.5MPa,记录不同压力下的滤失量。待测量完毕之后,取出微裂缝,观察封堵材料对微裂缝的封堵情况。再结合滤失量的多少,分析封堵效果的好坏。

(3) 防塌封堵剂评价结果。

① 实验药品(见表 5.9)。

表 5.9　实验用钻井液封堵剂表

序号	样品名称及代号	级别	序号	样品名称及代号	级别
1	膨润土粉	工业级	4	PHT	工业级
2	阳离子乳化沥青	工业级	5	酰胺树脂	工业级
3	磺化沥青	工业级			

② 实验结果与分析。在 80℃温度条件下,分别测试滤纸和 20μm 微裂缝条件下,含有不同防塌封堵剂钻井液对应的失水量,实验结果见表 5.10。

表 5.10　封堵剂评价实验数据表

序列	测试流体	失水量(mL)	
		微孔隙	微裂缝
1	基浆	70	45
2	基浆+2%阳离子乳化沥青	40	21
3	基浆+4%阳离子乳化沥青	50	13
4	基浆+6%阳离子乳化沥青	43	11
5	基浆+2%磺化沥青	22	24
6	基浆+4%磺化沥青	18	19
7	基浆+6%磺化沥青	11	14
8	基浆+2%PHT	31	14
9	基浆+4%PHT	24	9.4
10	基浆+6%PHT	14	8.2
11	基浆+2%酰胺树脂	35	28
12	基浆+4%酰胺树脂	49	24
13	基浆+6%酰胺树脂	54.5	17

由表 5.10 可知,滤纸对应钻井液失水量普遍比 20μm 微裂缝的失水量大。在微孔隙模拟条件下,磺化沥青的失水量较小,其次为 PHT,而乳化沥青和酰胺树脂对应的失水量变化趋势为先减小后增加;在微裂缝模拟条件下,随着封堵剂加量的增加,钻井液失水量都不同程度地降低,其中 PHT 对应钻井液失水量小,依次为乳化沥青、磺化沥青及酰胺树脂。

综合模拟微孔隙和微裂纹条件下的封堵剂,评价认为可以选择 PHT 作为钻井液体系封堵剂。

5.3　钻井液抑制剂与地层岩石作用机理

5.3.1　抑制剂抑制能力评价

通过开展抑制剂作用下的泥岩热滚动回收率及线性膨胀率实验,评价各抑制剂对泥岩水化分散、膨胀性的抑制能力,得到各抑制剂的单剂最佳加量范围,对比分析无机盐(KCl、NaCl、$CaCl_2$),有机盐(Weigh2、Weigh3、OS-80、OS-100),有机聚合物 SIAT 和有机硅系列(LYG、FMS-1、MFG)在其最优加量下的抑制能力,如图 5.14 和图 5.15 所示。

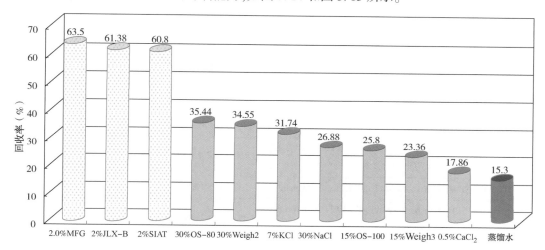

图 5.14　各抑制剂作用下的泥岩滚动回收实验数据对比图

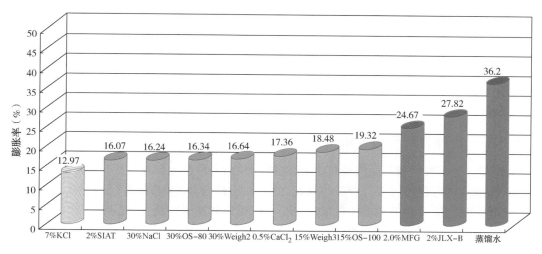

图 5.15　各抑制剂作用下泥岩线性膨胀率对比图

由图 5.14 可知,最优加量的抑制剂对泥岩分散性的抑制能力从大到小依次为:2%MFG>2%JLX-B>2%SIAT>30%Weigh2(OS-80)>7%KCl>30%NaCl>15%Weigh3(OS-100)>0.5%$CaCl_2$。

图 5.14 表明有一定分子量的有机抑制剂在抑制泥页岩地层分散时具有一定优势。

由图 5.15 可知,抑制剂的抑制泥页岩水化膨胀能力从大到小依次为:7%KCl>2%SIAT>30%NaCl>30%Weigh2(OS-80)>0.5%CaCl$_2$>15%Weigh3(OS-100)>2%MFG>2%JLX-B。

因此,实验证明了钻井液用抑制剂在抑制黏土膨胀和抑制黏土分散两方面难以一致,应该根据井下实际需要进行选择。如果需要抑制分散为主,则应该选择具有一定分子量的有机抑制剂。如果需要抑制黏土膨胀为主,应该选择无机盐为主。

5.3.2 抑制剂对目标地层抑制能力评价

室内实验测试了 7%KCl、0.5%CaCl$_2$、30%Weigh2、15%Weigh3、2%SIAT、2%JLX-B 及 2%MFG 对玛湖地区易失稳地层(J_1s、T_3b、T_2k、T_1b、P_2w)水化膨胀、水化分散的抑制能力,结果列于表 5.11 中。

表 5.11　抑制剂对易失稳地层的抑制能力排序表

层位	抑制分散能力	抑制膨胀能力
J_1s	2%JLX-B>2%MFG>7%KCl>2%SIAT>30%Weigh2>0.5%CaCl$_2$>15%Weigh3	2%SIAT>7%KCl>2%MFG>2%JLX-B>0.5%CaCl$_2$
T_3b	2%JLX-B>2%MFG>7%KCl>2%SIAT>30%Weigh2>0.5%CaCl$_2$>15%Weigh3	7%KCl>2%SIAT>2%MFG>2%JLX-B>0.5%CaCl$_2$
T_2k	2%JLX-B>2%MFG>2%SIAT>7%KCl>30%Weigh2	2%SIAT>7%KCl
T_1b	2%MFG>2%JLX-B>2%SIAT>7%KCl>30%Weigh2>0.5%CaCl$_2$>15%Weigh3	2%SIAT>7%KCl
P_2w	2%JLX-B>2%MFG>2%SIAT>15%Weigh3>30%Weigh2>7%KCl>0.5%CaCl$_2$	7%KCl>2%SIAT

由表 5.11 可知,钻井液用抑制剂对玛湖地区易失稳地层的抑制能力与其类型有关。无机盐类、有机酸盐类及有机聚合物类抑制剂对玛湖地区水化分散、水化膨胀的抑制能力各有侧重:具有一定分子量的有机抑制剂有机硅 MFG、聚合醇 JLX-B 及聚胺 SIAT 对地层水化分散的抑制能力较强,而无机盐类 KCl 及有机聚胺 SIAT 对易失稳地层水化膨胀的抑制能力相当。

5.3.3 各抑制剂对目标地层的抑制作用机理

泥页岩由泥质颗粒和非泥质颗粒组成,泥质颗粒由各种黏土矿物片组成;非泥质颗粒由石英、长石和方解石等颗粒组成。颗粒与颗粒之间、黏土片与片之间、晶片层与层之间会有各种大小不同的孔隙,泥页岩最主要的化学反应是水化反应和离子交换,因此泥页岩中含有多种赋存形式的水。有很多泥页岩还含有微裂缝和层理缝。因此,泥质团状颗粒、非泥质颗粒、多种孔隙与裂缝、各种形式的水、化学离子、泥质颗粒中的各种黏土片,这些组成了泥页岩的物理模型,近井壁带泥页岩的物理模型可用图 5.16 表示。

由泥页岩物理模型可知,阻止或减缓泥页岩水化的方法无外乎包含三方面:(1)抑制黏土矿物水化;(2)增加矿物颗粒间的结合力;(3)阻止或减缓水进入。其中,抑制黏土矿物水化是关键,可以通过压缩双电层、插层镶嵌、吸附—包被作用、活度调节等方面实现。

　　分析抑制剂作用下的黏土颗粒 Zeta 电位、晶面间距 d_{001} 的测试分析,测试了各抑制剂对目标地层岩样颗粒粒度分布的影响,及抑制剂对地层岩样吸附包被作用,对几种有机盐、无机盐溶液活度测试,结果见表 5.12。

　　各抑制剂的作用对象、作用方式、作用位置及表征指标可归纳到表 5.12 中。从表中可知,各抑制剂作用机理针对性不同,进一步揭示了抑制能力存在显著差异。

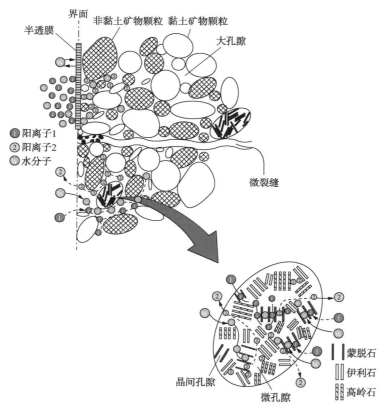

图 5.16　泥页岩物理模型图

表 5.12　各抑制剂的抑制作用特点总结表

抑制机理	压缩双电层	插层镶嵌	包被	活度调节
作用方式	离子交换	阳离子、小分子 插层剂进入晶层间	吸附、桥联	降低水活度
作用对象	膨胀性、 非膨胀性黏土矿物	膨胀性 黏土矿物	黏土矿物、 非黏土矿物	地层水
作用位置	晶层内、外表面	晶层间隙	外表面	粒间孔隙 晶间空隙
表征指标	Zeta 电位	晶层间距 d_{001}	粒度分布	活度
抑制剂	KCl,SIAT, Weigh2(OS-80), weigh3(OS-100)	KCl,SIAT, Weigh2(OS-80), weigh3(OS-100)	SIAT, MFG, JLX-B	Weigh2(OS-80), Weigh3(OS-100)

5.4 钻井液抑制剂"协同增效"作用机理

由于单一抑制剂对玛湖地区易失稳地层水化的抑制能力有限,故需要针对地层特征研究多元协同抑制剂配方,提高钻井液体系对目标易失稳地层的抑制能力。基于多元协同抑制剂,开展多元协同抑制剂抑制作用机理研究,为设计多元协同抑制剂提供理论依据。

5.4.1 "多元协同"抑制剂配方

(1)实验方案。

根据抑制剂类型,针对玛湖地区地层 J_1s、T_3b、T_2k、T_1b 和 P_2w 开展了"多元协同"抑制剂配方优化室内实验研究。基于前述抑制剂评价与筛选结果,实验采用无机盐 KCl、有机盐 Weigh2(OS-80)、Weigh3(OS-100)、有机抑制剂(有机硅 MFG、聚合醇 JLX-B、有机胺 SIAT)共 6 种抑制剂,按照作用机理及处理剂类型分为无机盐抑制剂、有机盐抑制剂及有机聚合物抑制剂三类,见表 5.13。

表 5.13　实验用抑制剂列表

无机盐抑制剂	有机盐抑制剂	有机聚合物抑制剂
KCl	Weigh2(OS-80) Weigh3(OS-100)	有机胺 SIAT 有机硅 MFG 聚合醇 JLX-B

实验过程按照无机盐+有机盐、无机盐+有机聚合物、有机盐+有机聚合物的方式形成"二元协同"抑制剂配方,按照"无机盐+有机盐+有机聚合物"的方式形成"三元协同抑制剂"配方。

抑制剂评价实验过程中,开展了两部分实验:

①利用以上各类抑制剂及优选出的最优加量,组合形成"二元协同""三元协同"抑制剂配方,评价多元协同抑制剂溶液的抑制能力;

②利用形成的抑制剂配方,结合基础钻井液体系配方,评价多元协同抑制剂钻井液体系的抑制能力,基础配方如下:4%土浆+0.3%FA367+2%SMP-2+2%SPNH+0.8%Redu1+0.3%CaO+0.3%KOH+"多元抑制剂"+4%PHT+1%石墨粉。

(2)实验结果。

以实验方案为依据,通过开展一系列实验,得到了玛湖地区易失稳地层多元协同抑制剂的初步配方,见表 5.14。初步的"多元协同"抑制剂配方中各抑制剂加量均采用了其对应的最佳加量,仍需要在保证体系性能基础上,进一步优化体系配方,降低钻井液体系成本,将在后续钻井液体系配方优化部分阐述。

表 5.14　目标地层"多元协同"抑制剂初步配方

层位	协同抑制剂配方	备注
J_1s、T_3b	7%KCl+2%JLX-B(MFG、SIAT)	
T_2k	7%KCl+30%Weigh2+2%JLX-B(MFG、SIAT)	至少二元建议三元
T_1b、P_2w	7%KCl+2%JLX-B(MFG、SIAT)	

5.4.2　协同抑制剂作用机理

前面已经对抑制剂单剂的抑制能力、抑制作用机理做了较为细致的研究,并开展了多元协同抑制剂配方研究,得到了适合于玛湖地区易失稳地层的多元协同抑制剂基础配方。研究表明,多元协同抑制剂配方及对应的钻井液体系具有较强的泥岩水化分散、水化膨胀抑制性能。

根据泥岩地层构成可知,泥岩地层中含有黏土矿物及非黏土矿物,如图 5.17 所示。泥岩地层水化分散、水化膨胀的根本原因在于泥岩地层中的黏土颗粒的水化分散、水化膨胀,因此,抑制黏土矿物的水化是抑制泥岩地层水化分散、膨胀到关键。

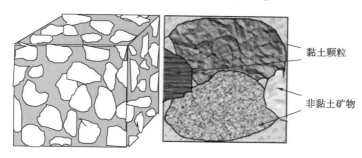

图 5.17　泥岩地层构成示意图

泥页岩中的黏土矿物水化是引起泥岩地层水化分散、膨胀的主要原因。泥岩岩屑颗粒在钻井液中的简单实用受力模型如图 5.18 所示。

由黏土颗粒受力模型可知,黏土片层间存在着两种力:一种是层间阳离子水化产生的膨胀力和带负电的晶层之间的斥力;另一种是黏土单元晶层—层间阳离子—黏土单元晶层之间的静电引力。黏土膨胀、分散程度取决于这两种力之间的大小关系。若黏土单元晶层—层间阳离子—黏土单元晶层之间的静电引力大于晶层间的斥力,黏土就只能发生晶格膨胀;与此相反,如果晶层之间产生的斥力达到足以破坏单元晶层—层间阳离子—单元晶层之间的静电引力,黏土便发生渗透膨胀,形成扩散双电层,双电层斥力使单元晶层分离开,从而发生明显的黏土颗粒的分散、膨胀,如图 5.19 所示。

不同的黏土矿物晶体结构决定了其水化特性,常见的蒙脱石是典型的膨胀性黏土矿物,交换性阳离子存在于晶层的内外表面,故扩散双电层存在于黏土晶层内外表面,渗透水化能力强;而诸如伊利石等非膨胀性黏土矿物的交换性阳离子仅存在于黏土的外表面,故扩散双电层仅存在于黏土颗粒的外表面,膨胀性较弱。因此,抑制黏土水化膨胀应以抑制蒙脱石矿物的渗透水化为主。

蒙脱石晶层间扩散双电层斥力是产生明显的水化膨胀、分散的主要推动力,双电层斥力与双电层厚度密切相关。因

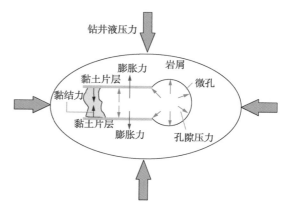

图 5.18　泥页岩岩屑受力模型示意图

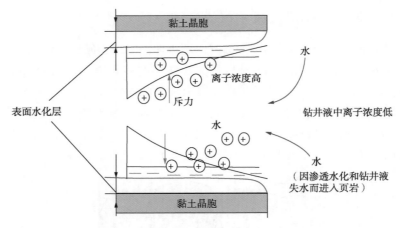

图 5.19 黏土矿物渗透水化示意图

此,一方面,如果能够压缩扩散双电层的厚度,降低双电层斥力,就可以抑制黏土矿物的渗透水化。双电层厚度通常可用黏土矿物表面 Zeta 电位来反映;另一方面,如果可以增加黏土晶层间的静电引力,也有利于抑制黏土的水化膨胀。

同时,由图 5.18 可知,抑制泥岩颗粒水化还可以通过大分子聚合物在黏土颗粒外表面进行吸附包裹,称为包被作用,使黏土颗粒尽可能地保持完整性,从而抑制黏土矿物的水化分散,促进泥页岩井壁稳定,钻屑保持原状。

另外,降低钻井液中水的活度,降低钻井液的化学势,减小水进入泥页岩孔隙的化学驱动力,也可以起到抑制泥页岩水化的作用。

因此,抑制泥岩水化的途径无外乎以下几个方面:(1)压缩双电层,降低双电层斥力;(2)插层镶嵌作用,增加静电引力;(3)吸附包被作用,保持完整性;(4)降低水活度,减少水进入。

多元协同抑制剂正是基于以上考虑而形成的,为了进一步弄清多元协同抑制剂配方的抑制机理,开展了多元协同抑制剂配方的抑制作用机理分析实验,验证多元协同抑制剂是否具有上述各种作用机理。

通过前述单剂及多元协同抑制剂作用机理分析实验可知,不同的抑制剂具有不同的抑制作用机理。研究表明,无机盐 KCl 具有晶格固定、压缩双电层及促进聚合物吸附的作用;复合有机盐具有一定的插层镶嵌作用、明显的压缩双电层及活度调节的作用;胺基抑制剂 SIAT、聚合醇 JLX-B 及有机硅 MFG 具有吸附包被且可与无机盐、有机盐之间协同增效吸附的作用。(1)具备压缩双电层作用的抑制剂有 KCl、有机盐 OS-80 和 OS-100 及胺基 SIAT,由于扩散双电层存在于非膨胀性黏土矿物如伊利石等的外表面、膨胀性黏土矿物(如蒙脱石、伊/蒙混层)的外表面及晶层间隙内,故压缩双电层的作用是通过离子交换的方式作用于非膨胀性黏土矿物如伊利石等的外表面、膨胀性黏土矿物(如蒙脱石、伊/蒙混层)的外表面及晶层间隙内;(2)插层镶嵌作用的抑制剂有 KCl、有机盐 OS-80 和 OS-100 及胺基 SIAT,抑制剂中的阳离子 K^+ 和 NH_4^+ 及小分子插层剂进入晶层间隙,由于静电引力的增强使膨胀性黏土矿物晶层间距 d_{001} 不易增加,抑制渗透水化膨胀;(3)大分子聚合物类抑制剂可以通过吸附、桥连的方式包被到黏土矿物及非黏土矿物颗粒的外表面,阻止颗粒粒度变小,起到抑制分散的作用;(4)有机盐系列抑制剂具有较大的溶解度,一方面可以提高液相密度,另一方面,可以在大于一定加量后显著降低溶液水的活度,可阻止或减缓溶液中水向泥页岩中流动,具有活度调节的作用。

多元抑制剂作用下的黏土矿物晶层间距 d_{001}、Zeta 电位、粒度分布、水活度及抑制剂吸附量等测试实验结果表明,各多元抑制剂配方同时具有了压缩双电层、插层镶嵌、活度调节、吸附包被及协同促进吸附的作用,如图 5.20 所示。

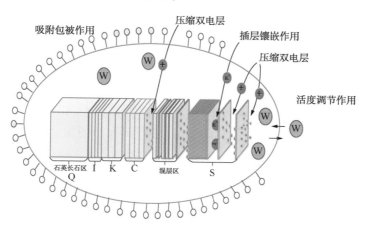

图 5.20 多元协同抑制剂作用机理原理示意图

由此可见,多元抑制剂的作用机理为"压缩双电层—晶格固定—活度调节—吸附包被及协同促进吸附"的多元一体的协同作用机理。

5.5 钻井液体系配方优化及性能评价

前述研究已经形成了适用于玛湖地区易失稳地层多元协同抑制剂的基础配方,然而,这些基础配方中的各抑制剂的加量均为对应单剂的最佳加量,需要进一步优化多元协同抑制剂配方的各抑制剂加量,得到适用于玛湖地区易失稳地层的多元协同抑制型钻井液体系配方,然后开展对应钻井液体系流变性、滤失造壁性、抑制性、润滑性及抗污染能力的评价分析实验。

5.5.1 多元协同抑制型钻井液体系配方优化

玛湖地区易失稳地层多元协同抑制型水基钻井液体系基浆配方:4%土浆+0.3%FA367+2%SMP−2+2%SPNH+1%Redu1+0.3%CaO+0.3%KOH+"多元抑制剂"+4%PHT+1%石墨粉+重晶石。

(1)优化方案。

实际优化过程中,固定无机抑制剂的加量,仅调整某一种有机抑制剂的加量,形成钻井液体系配方(表 5.15),评价体系性能,选择钻井液体系性能发生突变的抑制剂加量点作为该抑制剂的合理加量,再固定该抑制剂加量,调整其他抑制剂加量,依此类推。

表 5.15　二元协同抑制剂优化方案

无机抑制剂	有机抑制剂
KCl(3%、5%、7%)	有机胺 SIAT(1%、2%、3%)
	有机硅 MFG(1%、2%、3%)
	聚合醇 JLX-B(1%、2%、3%)

三元协同抑制剂优化方案,是在优化后的二元协同抑制剂配方基础上,添加不同加量的有机盐,评价其流变性及抑制性,可得到三元协同抑制剂配方。

(2)"二元协同"抑制剂加量的优化。

经过上述一系列的优选方案,得到了"二元协同"抑制型水基钻井液的体系,配方分别编号为 M-2-1#、M-2-2#和 M-2-3#,配方见表 5.16。

多元协同抑制剂配方研究结果表明,采用三元协同抑制剂可以增强体系的抑制能力,因此,基于二元协同抑制型钻井液体系优化结果,开展了三元协同抑制型钻井液体系配方优化研究。

表 5.16　"二元协同抑制型"水基钻井液优选配方

配方号	配　方
M-2-1#	4%土浆+0.3%FA367+2%SMP-2+2%SPNH+1%Redu1+0.3%CaO+0.3%KOH+1%SIAT+3%KCl+4%PHT+1%石墨粉+重晶石
M-2-2#	4%土浆+0.3%FA367+2%SMP-2+2%SPNH+1%Redu1+0.3%CaO+0.3%KOH+1%MFG+3%KCl+4%PHT+1%石墨粉+重晶石
M-2-3#	4%土浆+0.3%FA367+2%SMP-2+2%SPNH+1%Redu1+0.3%CaO+0.3%KOH+1%JXL-B+3%KCl+4%PHT+1%石墨粉+重晶石

(3)"三元协同"抑制剂加量的优化。

为在优化后的二元协同抑制剂配方基础上,添加不同加量的有机盐,评价其流变性、滤失造壁性及抑制能力,数据见表 5.17。

由表 5.17 可知,在二元协同抑制型钻井液体系基础上,增加有机盐 OS-80 后,随着有机盐 OS-80 加量的不断增加,其对应体系流变性可得到进一步的改善,滤失造壁性能基本不变。与二元协同抑制型钻井液体系相比,添加有机盐的三元协同抑制型钻井液体系对应的泥岩滚动回收率数值有所提高,线性膨胀率也略有降低,表明三元协同抑制型钻井液体系的抑制能力有所增强,综合考虑钻井液性能及经济合理性,认为有机盐 OS-80 的加量取 10%为合适。因此,形成了三元协同抑制型水基钻井液体系,配方分别编号为 M-3-1#、M-3-2#和 M-3-3#,配方见表 5.18。

表 5.17　不同有机盐 OS-80 加量体系配方性能数据

基浆	抑制剂配方	ρ(g/cm³)	Φ_{600}	Φ_{300}	FL_{API}(mL)	回收率(%)	膨胀率(%)
M-3	1%SIAT+3%KCl+10%OS-80	1.62	88	48	3.2	92.4	15.65
	1%SIAT+3%KCl+15%OS-80	1.63	77	42	3.6	93.5	15.21
	1%SIAT+3%KCl+20%OS-80	1.62	60	35	3.6	94.6	15.36

续表

基浆	抑制剂配方	ρ（g/cm³）	Φ_{600}	Φ_{300}	FL_{API}（mL）	回收率（%）	膨胀率（%）
M-3	1%MFG+3%KCl+10%OS-80	1.63	102	55	3.4	94.16	15.7
	1%MFG+3%KCl+15%OS-80	1.63	86	44	3.6	92.4	15.55
	1%MFG+3%KCl+20%OS-80	1.62	75	36	3.6	94.6	15.22
M-3	1%JXL-B+3%KCl+10%OS-80	1.62	94	52	3.2	93.72	16.75
	1%JXL-B+3%KCl+15%OS-80	1.62	78	40	3.4	93.5	15.94
	1%JXL-B+3%KCl+20%OS-80	1.62	65	35	3.4	96.14	15.57

表 5.18　"三元协同抑制型"水基钻井液优选配方

配方号	配方
M-3-1#	4%土浆+0.3%FA367+2%SMP-2+2%SPNH+1%Redu1+0.3%CaO+0.3%KOH+10%OS-80+1%SIAT+3%KCl+4%PHT+1%石墨粉+重晶石
M-3-2#	4%土浆+0.3%FA367+2%SMP-2+2%SPNH+1%Redu1+0.3%CaO+0.3%KOH+10%OS-80+1%MFG+3%KCl+4%PHT+1%石墨粉+重晶石
M-3-1#	4%土浆+0.3%FA367+2%SMP-2+2%SPNH+1%Redu1+0.3%CaO+0.3%KOH+10%OS-80+1%JXL-B+3%KCl+4%PHT+1%石墨粉+重晶石

　　至此,优化得到了玛湖地区"二元、三元协同抑制型"水基钻井液优选配方,同时开展了"多元协同抑制型"钻井液体系全套性能评价分析实验。

5.5.2　多元协同抑制型钻井液体系性能评价

　　室内实验评价了玛湖地区多元协同抑制型钻井液体系的流变性、滤失造壁性、抑制性、润滑性及抗污染能力。

　　（1）流变性评价。

　　对选取优选出来的配方对其进行流变性能的测试,测试老化前后不同优选配方钻井液的流变性能,测试结果见表5.19。玛湖地区二元抑制型钻井液体系流变性及抗温性能良好,三元协同抑制剂可进一步改善钻井液体系的流变性,可以满足玛湖地区钻井对钻井液流变性的要求。

表 5.19　优选钻井液体系流变性能评价实验数据

	配方号	测试条件	ρ（g/cm³）	AV（mPa·s）	PV（mPa·s）	YP（Pa）	Φ_{600}	Φ_{300}
二元抑制	M-2-1#	老化前	1.65	47.5	45	2.5	95	50
		老化后	1.65	47	43	4	94	51
	M-2-2#	老化前	1.63	52.5	49	3.5	105	56
		老化后	1.64	56.5	52	4.5	113	61
	M-2-3#	老化前	1.62	50.5	48	2.5	101	53
		老化后	1.62	53.5	49	4.5	107	68

续表

配方号		测试条件	ρ(g/cm³)	AV(mPa·s)	PV(mPa·s)	YP(Pa)	Φ_{600}	Φ_{300}
三元抑制	M-3-1#	老化前	1.62	44	40	4	88	48
		老化后	1.62	48	44	4	96	52
	M-3-2#	老化前	1.63	51	47	4	102	55
		老化后	1.63	55	52	3	110	58
	M-3-3#	老化前	1.62	47	42	5	94	52
		老化后	1.62	52	48	4	104	56

（2）失水造壁性评价。

对优化得到的适用于玛湖地区易失稳地层的多元协同抑制型水基钻井液优选配方,分别进行 API 失水和 HTTP 失水实验,实验结果见表 5.20。

从表 5.20 可以可知,经过优选出来的适用于玛湖地区易失稳地层的多元协同抑制型水基钻井液配方的中压 API 失水量小于 4mL,以及在高温高压条件下的失水小于 15mL,滤饼较薄,都能较好地满足钻井液的滤失造壁性能要求。

表 5.20　优化钻井液体系失水造壁性评价结果

配方号		API 失水		HTHP 失水	
		FL_{API}(mL)	滤饼厚度(mm)	FL_{HTHP}(mL)	滤饼厚度(mm)
二元抑制	M-2-1#	2.2	0.5	10	1.5
	M-2-2#	3.6	0.5	12	1.5
	M-2-3#	3.2	0.5	12	1.5
三元抑制	M-3-1#	3.2	0.5	11.5	2
	M-3-2#	3.4	0.5	11.2	2
	M-3-3#	3.2	0.5	12.6	2

（3）抑制能力评价。

表 5.21 和表 5.22 给出了玛湖地区易失稳地层岩样热滚动回收率、线性膨胀率。

表 5.21　二元协同抑制型钻井液体系抑制能力评价结果

配方号	地层	岩样质量(g)	回收质量(g)	回收率(%)	16h 膨胀率(%)
M-2-1#	J_1s	50	41.8	83.6	11.13
	T_3b	50	43.7	87.4	14.52
	T_2k	50	37.9	75.8	13.87
	T_1b	50	43.3	86.6	12.56
	P_2w	50	44.7	89.4	11.22
M-2-2#	J_1s	50	42.2	84.4	10.24
	T_3b	50	43.6	87.2	13.36
	T_2k	50	44.6	89.2	12.76
	T_1b	50	43.1	86.2	11.55
	P_2w	50	45.4	90.8	10.32

续表

配方号	地层	岩样质量(g)	回收质量(g)	回收率(%)	16h 膨胀率(%)
M-2-3#	J_1s	50	42.4	84.8	12.53
	T_3b	50	43.2	86.4	16.11
	T_2k	50	43.4	86.8	15.39
	T_1b	50	44.3	88.6	13.94
	P_2w	50	45.2	90.4	12.45

表 5.22   三元协同抑制型钻井液体系抑制能力评价结果表

配方号	地层	岩样质量(g)	回收质量(g)	回收率(%)	16h 膨胀率(%)
M-3-1#	J_1s	50	46.8	93.6	11.21
	T_3b	50	45.2	90.4	12.12
	T_2k	50	44.15	88.3	14.75
	T_1b	50	45.8	91.6	13.03
	P_2w	50	46.3	92.6	11.59
M-3-2#	J_1s	50	45.1	90.2	10.43
	T_3b	50	44.3	88.6	11.27
	T_2k	50	44.9	89.8	13.72
	T_1b	50	45.6	91.2	12.12
	P_2w	50	46.2	92.4	10.78
M-3-3#	J_1s	50	44.9	89.8	12.35
	T_3b	50	45.75	91.5	11.38
	T_2k	50	45.4	90.8	13.86
	T_1b	50	45.3	90.6	12.24
	P_2w	50	46.1	92.2	10.88

　　为了更加地清楚表达多元协同抑制型钻井液体系的抑制能力,对各钻井液配方对玛湖地区易失稳地层的热滚动回收率和线性膨胀率求平均值,如图 5.21 及图 5.22 所示。

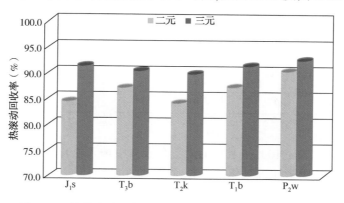

图 5.21   钻井液对玛湖地区地层水化分散抑制能力对比图

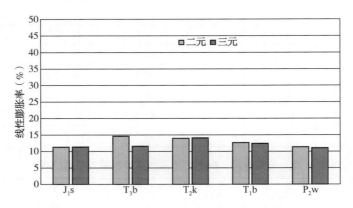

图 5.22　钻井液对玛湖地区地层水化膨胀抑制能力对比图

由图 5.21 和图 5.22 可见,二元协同抑制型钻井液体系对玛湖地区易失稳地层的平均热滚动回收率在 85%左右,而三元协同抑制型钻井液体系对应的平均热滚动回收率提高到 90%左右,表明三元协同抑制型钻井液体系较二元协同抑制型钻井液体系确有增强水化分散抑制性的能力;同时,二元和三元协同抑制型钻井液体系对应的线性膨胀率相当,表明三元协同抑制型钻井液体系对玛湖地区地层水化膨胀抑制性的提高不明显,这主要与玛湖地区目标易失稳地层属于强分散、弱膨胀的地层水化特性有关。

（4）润滑性能评价。

室内评价了多元协同抑制型水基钻井液体系配方滤饼黏滞系数和极压润滑系数,见表 5.23。

由钻井液体系润滑性能评价实验数据可知,适用于玛湖地区易失稳地层的多元协同抑制型水基钻井液体系的滤饼、极压润滑性能良好;有机盐、有机聚合物类抑制剂的加入,可进一步改善钻井液的润滑性。

表 5.23　多元协同抑制型钻井液体系润滑性能评价结果表

配方号		滤饼黏滞系数		盘读数	校正系数	极压润滑系数 μ_f
		临界滑动角 β(°)	K_f			
二元抑制	M-2-1#	5.5	0.096	34	0.667	0.227
	M-2-2#	5	0.087	30	0.642	0.192
	M-2-3#	5	0.087	31	0.654	0.203
三元抑制	M-3-1#	5	0.087	28	0.680	0.190
	M-3-2#	4	0.070	26	0.667	0.173
	M-3-3#	4	0.070	27	0.630	0.170

（5）抗污染能力评价。

按实验钻井液体积 5%、10%和 15%的质量向试样中加入氯化钠干粉;按实验钻井液体积 0.1%、0.3%和 0.5%的质量加入氯化钙干粉;按实验钻井液体积 5%、10%和 15%的质量向试样中加入膨润土,测定并对比经不同比例氯化钠干粉污染后的钻井液在表观黏度、API 滤失量的变化情况,各配方抗污染能力列于表 5.24 中。

表 5.24　钻井液体系抗污染能力统计表

配方号		抗盐(%)	抗钙(%)	抗劣土(%)
二元抑制剂	M-2-1#	15	0.5	>15
	M-2-2#	10	0.3	>15
	M-2-3#	15	0.5	>15
三元抑制剂	M-3-1#	15	0.5	>15
	M-3-2#	15	0.5	>15
	M-3-3#	15	0.5	>15

从表 5.24 可知,除 M-2-2#配方抗盐 10%、抗钙 0.3%外,其他配方抗盐达到 15%、抗钙达到 0.5%、抗劣土大于 15%,均能够满足玛湖地区现场钻井作业需求。

5.6　随钻防漏技术

5.6.1　随钻类堵漏剂优选评价实验

随钻堵漏剂为颗粒直径较小的纤维类堵漏材料、刚性颗粒类堵漏材料以及可变形颗粒类堵漏材料,在钻井液液柱正压差的作用下,堵漏材料通过渗滤作用,在地层孔隙或微裂缝上架桥、填充和封堵,堵塞流体流动通道,达到堵漏目的。该类堵漏剂适合于高渗透砂层、砾石层、破碎煤层以及其他微裂缝的地层堵漏。

选取随钻堵漏剂 BKT、JCM-12、SD-601、TP-2、TP-6 和 APSEAL 进行随钻堵漏室内评价实验。

(1)随钻堵漏剂细度分析。

随钻堵漏剂的细度要求能通过一定目数的筛布,否则在循环过程中会被振动筛清除,不能保证有效含量,从而降低堵漏效果并造成材料浪费。

表 5.25 至表 5.27 和图 5.23 为随钻堵漏剂 BKT、JCM-12、SD-601、TP-2、TP-6 和 APSEAL 可过筛布目数分布情况。以上 6 种随钻堵漏剂 90%以上可通过 60 目筛布,60%以上可通过 80 目筛布,BKT 粒径较大,过筛率最差,其余 5 种尚可,取其复配进行堵漏评价试验。

表 5.25　随钻堵漏剂可过筛布目数分布平行样表(一)

筛布(目)	细度(g)					
	BKT	SD-601	JCM-12	TP-2	TP-6	APSEAL
<40	141.61	7.05	0.7	0.24	0	0.54
40~60	53.24	26.98	12.73	0.95	0.18	1.88
60~80	31.53	64.77	132.6	3.62	0.65	10.45
80~100	20.25	58.3	54.76	4.36	0.87	12.28
100~120	9.5	14.93	11.95	6.25	4.65	15.27
>120	43.87	127.97	87.26	284.58	293.65	259.58

表 5.26 随钻堵漏剂可过筛布目数分布平行样表(二)

筛布(目)	细度(g)					
	BKT	SD-601	JCM-12	TP-2	TP-6	APSEAL
<40	128.21	6.41	0.25	0.45	0	0.32
40~60	58.22	18.15	8.77	1.65	0.26	2.12
60~80	35.15	71.35	117.6	2.55	0.47	9.36
80~100	17.5	48.95	58.38	3.12	0.78	14.32
100~120	12.22	22.25	23.92	10.61	5.66	13.22
>120	48.7	132.89	91.08	281.62	292.83	260.66

表 5.27 随钻堵漏剂可过筛布目数分布均值表

筛布(目)	细度(g)					
	BKT	SD-601	JCM-12	TP-2	TP-6	APSEAL
<40	134.91	6.73	0.475	0.345	0	0.43
40~60	55.73	22.565	10.75	1.3	0.22	2
60~80	33.34	68.06	125.1	3.085	0.56	9.905
80~100	18.875	53.625	56.57	3.74	0.825	13.3
100~120	10.86	18.59	17.935	8.43	5.155	14.245
>120	46.285	130.43	89.17	283.1	293.24	260.12

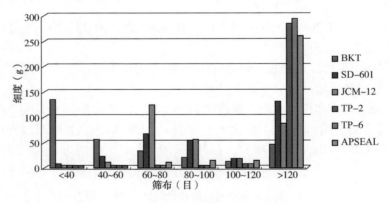

图 5.23 随钻堵漏剂细度分布柱状图

(2)随钻堵漏剂单剂堵漏效果评价实验。

使用 FA 无渗透滤失仪(仪器的过滤面积为 $18cm^2 \pm 0.60cm^2$)进行堵漏剂评价实验,具体操作过程为:在不加滤纸的滤网上将 $350cm^3$ 的 $20 \sim 40$ 目砂子倒入筒状可透视的钻井液杯中形成高 20cm 的砂床,再倒入 $500cm^3$ 的钻井液,上紧杯盖,接通气源将压力调至 0.69MPa 后打开放气阀,气源进入钻井液杯中,测量钻井液渗透情况。实验结果见表 5.28。

由表 5.28 可知,随钻堵漏剂 JCM-12 的加量超过 2%,无更加明显的封堵作用,最优加量为 2%。SD-601、TP-2、TP-6 和 APSEAL 的最优加量最高为 3%,超过 3% 后堵漏效果无明显增加。

表 5.28　随钻单剂堵漏效果评价表

序号	配方	侵入深度(cm)	漏失量(mL)
1	4%膨润土浆+0.3%CMC	全侵入	全漏失
2	1+1%JCM-12	全侵入	2.4
3	1+2%JCM-12	16.2	0
4	1+3%JCM-12	14.4	0
5	1+1%SD601	全侵入	0
6	1+2%SD601	全侵入	0
7	1+3%SD601	14.4	0
8	1+4%SD601	15.2	0
9	1+1%TP-2	全侵入	185
10	1+2%TP-2	全侵入	0
11	1+3%TP-2	9.5	0
12	1+4%TP-2	9.2	0
13	1+1%TP-6	全侵入	260
14	1+2%TP-6	全侵入	16
15	1+3%TP-6	15	0
16	1+4%TP-6	13.2	0
17	1+1%APSEAL	全侵入	8.5
18	1+2%APSEAL	12	0
19	1+3%APSEAL	6.5	0
20	1+4%APSEAL	6.3	0

5.6.2　凝胶类堵漏剂

凝胶堵漏剂所配制的堵漏浆对漏失层孔隙或裂缝大小、形状的无匹配问题,能自动根据漏失层压差大小,依次进入相应漏失层;堵漏剂分子间物理交联形成的网状结构逐渐发育,堵漏浆黏度、强度、切力和弹性急剧增大,反过来又导致堵漏液流动更慢。3~5h 后,堵漏浆堵塞在漏失层黏度、切力、弹性和静结构足够大,足以抵抗外来力(漏失压差)的破坏,最终成功堵住漏层。

选取凝胶堵漏剂 APGEL、APSORB、ZND-2 和 ZL 进行室内评价实验。其中屏蔽膜凝胶堵漏剂 APSORB 粒径不小于 100 目,在钻井液中吸水膨胀而不溶解,形成柔性凝胶粒子,其具有良好的变形性,且对钻井液黏度影响较小,柔性凝胶粒子自身、凝胶与固相颗粒形成屏蔽膜堵漏。结构型凝胶堵漏剂 APGEL,其工作液具有很强的剪切稀释能力,黏切强,在静止和低剪切下具有高强度、高黏度和高弹性,该凝胶是无固相流体,自聚集性好,能自动根据漏失层压差大小,依次进入不同裂缝大小的漏失层,因而可一次完成对多处漏层的封堵。

使用 FA 无渗透滤失仪进行堵漏剂评价实验,结果见表 5.29。

表 5.29　凝胶单剂堵漏效果评价表

序号	配方	侵入深度(cm)	漏失量(mL)
1	4%膨润土浆+0.3%CMC	全侵入	全漏失
2	1+0.1%APSORB	全侵入	全漏失
3	1+0.2%APSORB	全侵入	260
4	1+0.3%APSORB	全侵入	100
5	1+0.1%APGEL-1	全侵入	全漏失
6	1+0.2%APGEL-1	全侵入	全漏失
7	1+0.3%APGEL-1	全侵入	全漏失
8	1+0.1%ZND-2	全侵入	全漏失
9	1+0.2%ZND-2	全侵入	全漏失
10	1+0.3%ZND-2	全侵入	全漏失
11	1+0.3%ZL	全侵入	全漏失
12	1+0.5%ZL	全侵入	全漏失

由表 5.29 可知,单独使用凝胶封堵时承压能力有限,这是因为凝胶堵漏主要靠凝胶与砂床孔隙之间的黏滞阻力,且砂床的厚度有限,所以阻力不大,导致阻力不足以承受较大压力。

5.6.3　复配评价实验

为更好地模拟井下孔隙情况,使用 60~80 目砂床进行实验,即使用 FA 无渗透滤失仪(仪器的过滤面积为 18cm² ± 0.60cm²),在不加滤纸的滤网上将 350cm³ 的 60~80 目砂子倒入筒状可透视的钻井液杯中形成高 20cm 的砂床,再倒入 500cm³ 的钻井液,上紧杯盖,接通气源将压力调至 0.69MPa 后打开放气阀,气源进入钻井液杯中,测量钻井液渗透情况。首先对凝胶类进行实验。实验结果见表 5.30。从表 5.30 实验可知,随着孔隙变小,除了 APSORB 的封堵能力有提高外,其他凝胶的封堵能力亦没有改变。

表 5.30　凝胶单剂堵漏效果评价表

序号	配方	侵入深度(cm)	漏失量(mL)
1	1+0.2%APSORB	12	
2	1+0.2%APGEL	全侵入	全漏失
3	1+0.2%ZND-2	全侵入	全漏失
4	1+0.2%ZL	全侵入	全漏失

继续开展 60~80 目陶粒作为砂床进行单剂和复配实验,实验结果见表 5.31 和表 5.32。从表 5.31 数据可知用 60~80 目陶粒作为砂床后,随钻堵漏剂的封堵效果较 20~40 目砂床的封堵能力有所提高,这是因为砂床之间的孔隙变小的原因,但提高幅度不大。

表 5.31　以 60~80 目陶粒作为砂床随钻单剂堵漏效果评价表

序号	配方	侵入深度(cm)
1	4%膨润土浆+0.3%CMC	
2	1+1%JCM-12	19

序号	配方	侵入深度(cm)
3	1+2%JCM-12	11.6
4	1+3%JCM-12	10.8
5	1+4%JCM-12	10.2
6	1+1%SD601	16.4
7	1+2%SD601	11
8	1+3%SD601	9
9	1+4%SD601	8.6
10	1+1%TP-2	9
11	1+2%TP-2	7
12	1+3%TP-2	5.5
13	1+4%TP-2	5.6
13	1+1%TP-6	10
14	1+2%TP-6	8
15	1+3%TP-6	7
16	1+4%TP-6	7
17	1+1%APSEAL	14
18	1+2%APSEAL	9.8
19	1+3%APSEAL	6.5
20	1+4%APSEAL	6.2

表 5.32　以 60~80 目陶粒作为砂床评价 APSORB 与随钻堵漏剂复配堵漏效果表

序号	配方	侵入深度(cm)
1	4%膨润土浆+0.3%CMC	
2	0.2%APSORB+1%APSEAL	6.6
3	0.2%APSORB+2%APSEAL	3.4
4	0.2%APSORB+3%APSEAL	3.2
5	0.2%APSORB+1%JCM-12	15
6	0.2%APSORB+2%JCM-12	10.2
7	0.2%APSORB+3%JCM-12	8.6
8	0.2%APSORB+1%SD601	16.5
9	0.2%APSORB+2%SD601	11
10	0.2%APSORB+3%SD601	8.5
11	0.2%APSORB+1%TP-2	8.6
12	0.2%APSORB+2%TP-2	4
13	0.2%APSORB+3%TP-2	3.5

序号	配方	侵入深度（cm）
14	0.2%APSORB+1%TP-6	5.8
15	0.2%APSORB+2%TP-6	4.2
16	0.2%APSORB+3%TP-6	4

通过表5.31和表5.32两种砂床的单剂和复配实验数据可知，凝胶堵漏剂单剂中APSORB的效果最好，随钻堵漏剂中TP-2和APSEAL的效果最好，凝胶堵漏剂与随钻堵漏剂在20～40目的砂床评价试验中APSORB和APSEAL的复配效果最好，60～80目的砂床评价试验中APSORB和APSEAL复配、APSORB和TP-2复配的效果更优。

因此，推荐的堵漏配方组合为：

配方1：0.1%～0.3%APSORB+2%～3%APSEAL+2%～3%KH-n（SDH）。

配方2：0.1%～0.3%APSORB+2%～3%TP-2+2%～3%KH-n（SDH）。

5.7   桥塞堵漏

5.7.1   新型堵漏材料体膨型颗粒研究

体膨型颗粒是由化学交联和聚合物分子链间的相互缠绕，发生交联而构成的。这种交联的密度很低，水分子容易渗入树脂中，使树脂膨胀，进一步亲水而凝胶化，成为高吸水性状态。与水溶性高分子化合物相比，高吸水性树脂是通过对水溶性聚合物实施交联、水解等技术，使其由水溶性转变为水膨胀性的树脂，进而变成亲水性树脂，具有低交联度、高溶胀率和不溶于水的结构和性能特征。因此，高吸水性树脂是水溶性聚合物的延伸和拓展。体膨型颗粒为交联型吸水树脂，系由高分子链经交联或由单体经聚合交联而得。高分子链是由很大数目的结构单元所组成，每个结构单元相当于一个小分子。这些结构单元可以是一种（均聚物），也可以是几种（共聚物）。它们通过共价键连成不同的结构——线性的、支化的（长支链和短支链）、星形的、梳形的、梯形的和网状的。

将体膨颗粒用于堵漏，利用其吸水后体积膨胀和弹塑性变形的特点，针对环玛湖区块，由于孔隙尺寸、裂缝宽度和裂缝长度很难准确掌握，无法针对性优选和确定堵漏剂配方，堵漏不确定性大、成功率低。为此，引入水化延时体膨堵漏材料。克服了桥接堵漏时架桥骨架在正、负压差作用下容易破坏的缺陷，具有遇水延时膨胀特性。随着与钻井液接触时间的延长，该材料会吸水膨胀至原体积的数倍，使"封堵墙"更加致密、紧凑，与裂缝间的摩擦阻力进一步加强，"封堵墙"在正、负压差作用下的抗破坏能力增强。

体膨颗粒进入漏失通道后开始膨胀，其较高的体积膨胀倍数，对漏层起到扩张填充和内部挤紧压实的双重作用，进一步堵塞漏失通道，且不易被返排出来。要想使体膨颗粒在地层中发挥扩张填充和内部挤紧压实的双重作用，就对体膨型颗粒的初始膨胀速度有一定的要求。在钻井工程中，由于井底温度较高，这就要求体膨型颗粒有好的抗降解能力。因此体膨型颗粒的吸水膨胀规律和抗降解能力是重点考虑的两个问题。

（1）体膨颗粒膨胀率实验评价。准确刻度的量筒先量取一定体积的溶液V_0，再将干燥的堵漏剂颗粒加入，读取量筒中实际水刻度体积V_A，干燥堵漏剂颗粒的体积为V_1，（$V_1=V_A-V_0$），在溶液中膨胀一段时间,倒出量筒里的剩余水,重新导入柴油体积 V_0,读取量筒中柴油刻度体积 V_B,此时,堵漏剂颗粒吸水后的膨胀体积为 $V_2(V_2 = V_B - V_0)$,前后两者体积相比即为该物质的膨胀率(SR)。结果如图 5.24 所示。

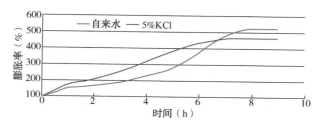

图 5.24　体膨颗粒膨胀率图

通过图 5.24 实验数据可知,体膨颗粒在自来水和 5%KCl 溶液中开始的 30min 膨胀率不大,之后膨胀率随时间增大,7~8h 后不再膨胀。便于在现场初期的配制和泵入,利于体膨颗粒加入地层堵漏强化"封堵墙"。

（2）体膨颗粒抗温试验实验评价。由于高分子材料在高温下会发生降解,而钻井需要一定的时间,因此,评价超强吸水树脂的高温稳定性是其进行现场实验的必要条件。

测试方法:称取适量的由超强吸水树脂,充分吸水后形成的凝胶,置于 90℃ 的滚子炉中静置一定时间后,取出后用 100 目的筛网过滤,烘干,称量滤渣的质量,滤渣的质量与原重之比就是高温保留率,结果如表 5.33 和图 5.25 所示。

表 5.33　体膨颗粒高温稳定性表

序号	滚动温度(℃)	时间(d)	样品原重(g)	滚动后质量(g)	高温保留率(%)
1	90	1	3.01	2.96	98.34%
2	90	3	3.04	2.83	93.09%
3	90	5	2.98	2.56	85.91%
4	90	10	3.04	1.96	64.47%
5	90	15	3.02	1.85	61.26%
6	90	20	3.00	1.76	58.67%
7	90	25	3.02	1.6	52.98%
8	90	30	3.05	1.44	47.21%

由表 5.33 和图 5.25 可知,体膨颗粒在在高温下逐渐降解,到了 30 天的时候,还能保留接近 50% 左右不降解。实验结果表明,该种超强吸水树脂能够在 80℃ 下用来堵漏。

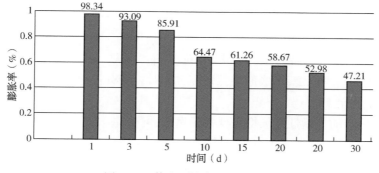

图 5.25　体膨颗粒高温稳定性图

5.7.2　配方评价

采用改进型 DL 堵漏仪进行堵漏材料封堵性能评价。增加不锈钢的模拟裂缝模具,模具厚 4cm,带有缝长为 2.5cm,缝宽分别为 5mm×4mm、4mm×3mm、3mm×2mm 和 2mm×1mm 等不同规格的楔形缝。按比例配好堵漏浆,选出所要封堵的裂缝模具,装入改进型 DL 堵漏实验仪中,将堵漏浆倒入堵漏仪中,然后加压、稳压,直到加到所需压力后堵漏浆不再漏失为止,泄压排除堵漏浆后换用钻井液加压,直到裂缝被压穿,该压力为堵漏剂封堵模拟裂缝后填塞层的承压能力。缓慢加压是将堵漏浆倒入堵漏仪中,然后缓慢加压至不发生漏失的压力为止,静置1h,泄压排除堵漏浆后换用钻井液加压,直到裂缝被压穿,该压力为堵漏剂封堵模拟裂缝后填塞层的承压能力。

常规桥接堵漏材料封堵性能评价采用配方见表 5.34。

表 5.34　停钻堵漏配方封堵性能评价表

配方编号	配　方
配方 1	钻井液+2%体膨颗粒(0.9mm)+3%核桃壳(1mm)
配方 2	钻井液+2%体膨颗粒(0.9mm)+3%核桃壳(1mm)+2%锯末+3%SD601
配方 3	钻井液+2%体膨颗粒(1.5mm)+1%核桃壳(3~5mm)+3%核桃壳(1~3mm)+2%锯末+3%SD601+2%云母(0.5mm)
配方 4	钻井液+2%体膨颗粒(1.5mm)+2%核桃壳(3~5mm)+4%核桃壳(1~3mm)+2%锯末+3%SD601+3%云母(0.5mm)

常规桥接堵漏材料性能评价结果见表 5.35。

表 5.35　桥接堵漏材料的封堵性能表

配方编号	模拟裂缝	2×1	3×2	4×3	5×4
配方 1	直接加压	0.3	直接穿过	直接穿过	直接穿过
	1h 后缓慢加压	1.6	1.1	1.1	直接穿过
配方 2	直接加压	0.5	直接穿过	直接穿过	直接穿过
	1h 后缓慢加压	1.5	0.9	0.6	0.5
配方 3	直接加压	5.8	4.6	2.2	1.2
	1h 后缓慢加压	7	5.8	3.6	3.1
配方 4	直接加压	7	7	7	2.6
	1h 后缓慢加压	7	7	7	5.5

从表 5.35 可知,通过架桥粒子的形状(颗粒、纤维、片状)、尺寸、强度(刚性材料和弹性材料)以及体膨颗粒的合理匹配,形成的堵漏剂配方 4 对裂缝有较宽的适应性,可以封堵 1~3mm 的裂缝,并且能承压至 7MPa。

由于环玛湖区块的裂缝性漏失均表现为漏速快,漏失量大,甚至多次发生失返性漏失,因此针对裂缝性漏失,主要根据发生漏失时的漏速采取不同配方的停钻堵漏措施。当漏速为 5~10m³/h 时,采用配方 3 进行堵漏,而漏速在 10m³/h 至失返时,采用配方 4 进行堵漏作业。

5.8　玛湖地区防漏堵漏技术方案

通过室内实验,结合玛 18 井区实钻情况,形成了防漏堵漏方案。

（1）先期防漏、随钻堵漏。

① 在钻井液中加入随钻堵漏剂（颗粒或纤维）2%～3%、胶凝剂（如 1% ZL 或 0.5% APSORB-1、ZND）、凝胶纤维剂等,提高钻井液的防渗漏性,对地层的微孔、裂缝进行先期封堵;

② 根据室内实验研究和现场试验,在钻井液中加入 YB-1 或在其他防漏、堵漏措施中配合加入 YB-1 可提高防漏效果,并能缩短提高地层承压能力所需的时间;

③ 采用多级别刚性堵漏剂（$CaCO_3$）复配短棉绒型的复合堵漏剂,与凝胶配合防漏。

（2）堵漏。

钻井中一旦发生井漏,根据漏失情况和漏失特点,采用不同比例和不同浓度的桥堵浆,对漏层进行及时、有效的桥塞封堵。推荐两种方法供施工方参考:

① 3%～5%配方。1%～3%综合堵漏剂+0.5%～1%核桃壳（0.8～1mm）+0.5%～1%核桃壳（1～3mm）+1%～2%蛭石+1%～2%石灰石+0.5%胶凝剂。

② 8%～10%配方。3%～5%综合堵漏剂+1%～3%核桃壳（1～3mm）+1%～2%蛭石+1%～2%石灰石+1%～3%沥青干粉。

（3）提高地层承压能力。

桥堵或注水泥成功后应进行承压试验,以提高堵漏的成功率和有效率。提高地层承压能力具体表现为:

① 以浓度 8%～12%的桥堵浆封闭裸眼段,提高钻井液密度,提高三叠系的承压能力,满足固井水泥返高需要。桥堵浆中堵漏剂以综合堵漏剂配合 KZ 系列、凝胶纤维、单封、云母、锯末等;施工单位可根据自己的经验采取其他更为有效、快捷的防漏、堵漏和提高地层承压能力的方法。

② 采用不同粒径、刚性承压材料 ZD-A、ZD－B、ZD-C 和 ZD-D 配合提高地层承压能力。

③ 钻井液中加入 4%的 YB-1 提高地层的承压能力。室内实验表明,配合 4%的 YB-1 可明显缩短提高地层承压能力所需的时间,提高岩心的承压能力和返排压力。

第6章 非均布载荷下套管柱设计

水平井套管下入过程中主要受到自身重力、钻井液浮力、井壁的接触压力和摩擦力、井眼弯曲所产生的附加弯矩、大钩载荷和游动系统施加的附加载荷的影响。当套管在水平段中与地层接触段不断增加，地层对套管柱的总摩阻也逐渐增大，大钩载荷随之减小，当大钩载荷减小至零时，使下套管作业受阻，严重时使套管不能下达预定井段。同时，由于水泥浆顶替效率问题等因素与直井有很大的差异，固井成功率很低且费用高，长水平段固井更是高难度作业。水平井固井主要存在以下技术难题：

（1）水平井套管设计方面。

① 套管柱在下入及固井时受力分析；

② 套管柱在压裂时受力分析；

③ 套管柱优选设计方法。

（2）水平井套管下入方面。

① 水平井井眼曲率能否满足套管一定刚度下的要求；

② 水平井井眼轨迹等因素影响套管下入摩阻系数的确定；

③ 水平井扶正器的选择及安放间距对下入摩阻的影响。

（3）水泥浆体系方面。

① 水平段易形成岩屑床，井眼清洁困难，影响水泥石胶结质量；

② 水平段和大斜度井段套管不易居中，在低边形成窄环空而不利于提高顶替效率；

③ 水平段和大斜度井段的水泥浆沉降，易在高边形成通道而影响层间封隔，导致窜槽；

④ 部分地区油层、气层、水层活跃，对水泥浆防窜性能及固井质量要求高；

⑤ 水平井后期压裂作业排量大、压力高，段与段之间压裂后水泥环存在被破坏导致窜流的风险，要求固井水泥石具有良好的韧性。

6.1 非均布载荷下套管力学模型

6.1.1 非均布载荷的产生

复杂的地应力会产生非均布外挤压力，地应力是指地层岩石在形成和演变过程中形成的沿某一方向的内力，它存在于地层岩石内部，又叫构造应力。这种构造应力很大，在钻井过程中，如果钻遇地应力强烈的地层，则地应力就会释放出来。引起井壁沿某方向滑移或跨塌。由于地应力具有方向性，就会造成套管柱沿某一方向作用着地应力，而沿另一方向作用着静液柱压力。而地应力往往比静液柱压力大。所以，地应力可以使套管柱产生非均布外载。

在水平井分段多级压裂中，大液量、大排量、高泵压和多级压裂致使套管服役工况苛刻。压裂时通过微地震监测，微裂缝沿套管轴向方向有分布，裂缝内压力引起地层局部地应力发生改变,在套管圆周上某部位作用着岩石压力,又叫岩石接触压力或岩石侧压力。在套管柱上仍然作用着静液柱压力,这样在套管横截面圆周上作用着两种大小不同的外挤压力,把它叫做非均布压力。

迄今,国内外流行的套管柱强度设计都是按均布外载荷考虑的。即有效外挤压力按静液柱压力分布规律计算。这对于井壁稳定的地层是可行的,但对于塑性蠕变地层、吸水膨胀地层、易坍塌地层、压裂等施工过程会不可避免地引起非均布外挤压力,即在套管圆周上除了作用着均布的液柱压力外,还存在着非均布的岩石挤压力。理论研究和室内实验表明,在非均布外挤条件下套管的抗挤强度要比均布外挤条件下低得多。为了防止套管挤毁事故,在塑性蠕变盐岩、泥岩等复杂地质条件下进行套管强度设计时,按上覆岩层压力计算有效外挤压力,应当说是很安全的,但结果仍然发生了套管挤毁现象。其重要原因之一,就是没有考虑非均布外挤压力的影响。

水平井套管强度设计不仅关系到钻井安全和成本,而且关系到水平井分段多级压裂的成败,也直接影响到油气田的开发效益。

6.1.2　力学模型及其求解

为了定量分析非均布外载对套管临界抗挤强度的影响,并用这一理论进行套管柱强度设计和计算。首先必须建立非均布外载条件下套管柱的力学模型。将非均布外载作用的力学模型分为两种类型,即外载沿套管径向方向作用模型和外载沿横向水平行方向作用模型。所谓径向模型是指外挤压力沿套管的半径方向作用,而横向水平模型是指外挤压力沿横向水平方向作用在套管圆周上。

6.1.2.1　径向力学模型及求解

如图 6.1 所示,为套管柱在非均布外载条件下的径向力学模型,即套管横截面上的受力。为了研究方便,取单位长度圆环进行研究。在图中套管内部和外部作用着均布的静液柱压力,而包角(圆心角)为 2α 的圆弧上还作用着岩石压力 q。D 为套管直径,t 为壁厚,p_e 为管外液柱压力,p_i 为管内液柱压力。

套管圆环上的受力是轴对称的,可取圆环的一半来研究。图 6.2(a)所示为套管径向力学模型基本载荷图,图 6.2(b)所示为基本力学系统。先不考虑套管内外作用的液柱压力,由轴对称原理得:

$$X_2 = 0 \tag{6.1}$$

$$N_A = \int_{\frac{\pi}{2}-\alpha}^{\frac{\pi}{2}} qR\sin\varphi \, \mathrm{d}\varphi = qR\sin\alpha \tag{6.2}$$

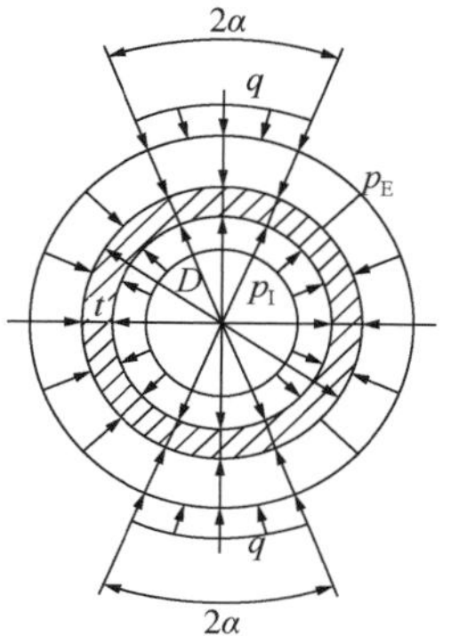

由结构力学中位移正则方程:

$$\delta_{11} + \Delta_{1p} = 0 \tag{6.3}$$

经推导可得到套管圆周上任意一点(φ)处的应力,计算公式为:

当 $\varphi \in \left[0, \dfrac{\pi}{2}-\alpha\right]$ 时

$$\sigma = \frac{3}{2}qk^2\left(\frac{2}{\pi}\alpha - \sin\alpha\cos\varphi\right) + \frac{1}{2}qk\sin\alpha\cos\varphi \tag{6.4}$$

当 $\varphi \in \left[\dfrac{\pi}{2}-\alpha, \dfrac{\pi}{2}\right]$ 时

图 6.1　套管柱非均布外载径向力学模型

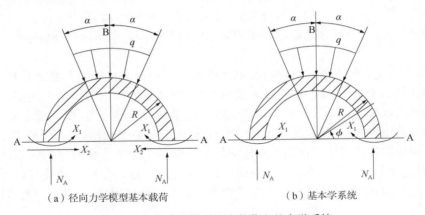

（a）径向力学模型基本载荷　　　　　　　（b）基本学系统

图 6.2　径向力学模型基本载荷和基本学系统

$$\sigma = \frac{3}{2}qk^2\left(\frac{2}{\pi}\alpha + \cos\alpha\sin\varphi - 1\right) + \frac{1}{2}qk\cos\alpha\sin\varphi \qquad (6.5)$$

式中，套管径厚比 $k = D/t$。

由 $\dfrac{\partial\sigma}{\partial\alpha} = 0$ 得到最大应力时的包角，即临界包角表达式为：

$$\alpha_c = \arcsin\frac{6k}{(3k-1)\pi} \qquad (6.6)$$

计算表明，临界包角一般为 $\alpha_c = 40° \sim 45°$。

式（6.4）和式（6.5）是当岩石压力包角为 2α 时，由于岩石压力产生的作用于套管圆周上的应力分布规律表达式。由此看出，作用于套管圆周上的应力是不均匀的，而且是不连续的。这与均布外挤时套管圆周上应力是均匀分布且是连续的不一样，这就是非均布外挤的重要特点。在非均布外载下，套管柱的破坏是弹性失稳破坏，而不是强度破坏。所以只要套管柱上有一点的应力达到屈服极限，即可认为套管柱已发生局部失稳破坏。故可令 $\sigma = \sigma_t$ 而得到套管柱失稳破坏的非均布外挤压力的临界值 q_c。即：

当 $\varphi \in \left[0, \dfrac{\pi}{2} - \alpha\right]$ 时

$$q_c = \frac{\sigma_t}{\dfrac{3}{2}k^2\left(\dfrac{2}{\pi}\alpha - \sin\alpha\cos\varphi\right) + \dfrac{1}{2}k\sin\alpha\cos\varphi} \qquad (6.7)$$

当 $\varphi \in \left[\dfrac{\pi}{2} - \alpha, \dfrac{\pi}{2}\right]$ 时

$$q_c = \frac{\sigma_t}{\dfrac{3}{2}k^2\left(\dfrac{2}{\pi}\alpha + \cos\alpha\sin\varphi - 1\right) + \dfrac{1}{2}(1 - \cos\alpha\sin\varphi)} \qquad (6.8)$$

式（6.7）和式（6.8）式是当包角（2α）一定时，套管横截面圆周上任意点处的临界抗挤强度计算式。

由于套管柱还可能受到内外液柱压力的作用，但它们是连续的和均匀的，只影响轴力的大小，对弯矩基本上不产生影响。所以，将轴力修正如下：

当 $\varphi \in \left[0, \dfrac{\pi}{2} - \alpha\right]$ 时

$$N_{\mathrm{A}} = qR\sin\alpha\cos\varphi + (p_{\mathrm{e}} - p_{\mathrm{i}}) \tag{6.9}$$

当 $\varphi \in \left[\dfrac{\pi}{2} - \alpha, \dfrac{\pi}{2}\right]$ 时

$$N_{\mathrm{A}} = qR(1 - \cos\alpha\sin\varphi) + (p_{\mathrm{e}} - p_{\mathrm{i}}) \tag{6.10}$$

同样,可推出有内外液柱压力作用时套管圆周上任意点的应力计算公式如下:

当 $\varphi \in \left[0, \dfrac{\pi}{2} - \alpha\right]$ 时

$$\sigma = \frac{3}{2}qk^2\left(\frac{2}{\pi}\alpha - \sin\alpha\cos\varphi\right) + \frac{1}{2}qk\sin\alpha\cos\varphi + \frac{1}{2}k(p_{\mathrm{e}} - p_{\mathrm{i}}) \tag{6.11}$$

当 $\varphi \in \left[\dfrac{\pi}{2} - \alpha, \dfrac{\pi}{2}\right]$ 时

$$\sigma = \frac{3}{2}qk^2\left(\frac{2}{\pi}\alpha + \cos\alpha\sin\varphi - 1\right) + \frac{1}{2}qk\cos\alpha\sin\varphi + \frac{1}{2}k(p_{\mathrm{e}} - p_{\mathrm{i}}) \tag{6.12}$$

同理,令 $\sigma = \sigma_{\mathrm{t}}$,可得在有内外液柱压力作用时,套管圆周上任意点发生失稳破坏的非均布载荷临界值如下:

当 $\varphi \in \left[0, \dfrac{\pi}{2}\alpha\right]$ 时

$$q_{\mathrm{c}} = \frac{\sigma_{\mathrm{t}} - \dfrac{1}{2}k(p_{\mathrm{e}} - p_{\mathrm{i}})}{\dfrac{3}{2}k^2\left(\dfrac{2}{\pi}\alpha - \sin\alpha\cos\varphi\right) + \dfrac{1}{2}k\sin\alpha\cos\varphi} \tag{6.13}$$

当 $\varphi \in \left[\dfrac{\pi}{2} - \alpha, \dfrac{\pi}{2}\right]$ 时

$$q_{\mathrm{c}} = \frac{\sigma_{\mathrm{t}} - \dfrac{1}{2}k(p_{\mathrm{e}} - p_{\mathrm{i}})}{\dfrac{3}{2}k^2\left(\dfrac{2}{\pi}\alpha + \cos\alpha\sin\varphi - 1\right) + \dfrac{1}{2}k(1 - \cos\alpha\sin\varphi)} \tag{6.14}$$

根据 Maxwell-Mohr 定理,可推导出套管圆周上任一点的位移(变形)计算式:

当 $\varphi \in \left[0, \dfrac{\pi}{2} - \alpha\right]$ 时

$$\begin{aligned}
f(\varphi) &= \frac{qr^3}{EI}\left[\frac{4}{\pi}\alpha - \frac{2}{\pi}\alpha(\sin\varphi + \cos\varphi) + \left(\frac{\pi}{4} - \varphi\right)\sin\alpha\sin\varphi\right] + \\
&\quad \frac{qr^3}{EI}\left[\sin\varphi - \sin(\alpha + \varphi) + \frac{\alpha}{2}\cos(\alpha + \varphi)\right]
\end{aligned} \tag{6.15}$$

当 $\varphi \in \left[\dfrac{\pi}{2} - \alpha, \dfrac{\pi}{2}\right]$ 时

$$\begin{aligned}
f(\varphi) &= \frac{qr^3}{EI}\left[\frac{4}{\pi}\alpha - 2 - \frac{2}{\pi}\alpha(\sin\varphi + \cos\varphi) + \sin\varphi + \sin(\alpha + \varphi)\right] + \\
&\quad \frac{qr^3}{EI}\left[\left(\frac{\alpha}{2} - \frac{\pi}{4}\right)\sin\alpha\sin\varphi + \left(\frac{\pi}{2} - \varphi - \frac{\alpha}{2}\right)\cos\alpha\cos\varphi\right]
\end{aligned} \tag{6.16}$$

根据上述力学模型的求解,通过编程计算可以得到套管柱在非均布外载作用下,沿套管圆周上弯矩、剪力、轴力及应力应变的分布规律。

由图6.3知,在非均布外载作用下,套管圆周上的应力存在极大值,且极大值出现在A点或B点。即A点或B点是最危险点,套管首先从此点开始破坏。

图6.4为非均布外载作用下,套管圆周上的最大应力与包角(2α)的关系曲线。由曲线可知,最大非均布应力随包角变化而变化。当包角 $2\alpha = 2\alpha_c$(临界包角)时,最大应力达到极大值。当包角 2α 大于或小于 $2\alpha_c$ 时,最大应力值都将减少。计算表明,当包角 $2\alpha = 2\alpha_c$(临界包角)时,其临界抗挤强度的最小值仅为API抗挤强度的 $1/4 \sim 1/3$。所以,在实际钻井过程中要严格控制包角的大小。最好的办法是选择套管有足够的抗挤强度,提高固井质量,最大限度地减少水泥窜槽和套管偏心度,提高水泥石的强度。

非均布载荷的包角对套管柱所能承受的临界岩石压力具有很大的影响。在现场应用中,由于只考虑了均布载荷的作用,所以,一旦发生非均布外载时,大部分套管柱均不能抵抗非均布外挤压力的作用而发生失稳破坏。例如,有的套管柱强度设计是按上覆岩石压力均布作用来设计的,但仍然发生了套管挤毁事故。其原因就在于未考虑非均布载荷的影响。从图6.4可知,这种情况相当于包角 2α,并非最危险的情况。因为在非均布外载下,套管柱上产生的最大应力要比按上覆岩石压力均布作用产生的应力大得多。所以,按上覆岩石压力设计套管柱也不能保证绝对安全,这主要取决于是否存在非均布载荷的条件。表6.1是当外载包角为临界包角时,径向非均布载荷对套管抗挤强度的影响。

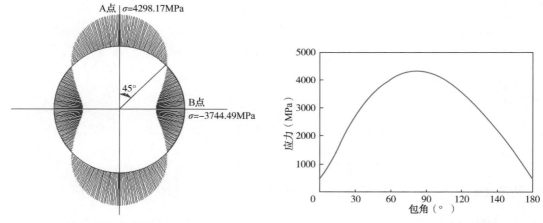

图6.3 套管圆周上应力分布图   图6.4 最大应力与包角(2α)的关系图

由表6.1可知,套管非均布临界抗挤强度除了与包角有关外,还与套管的径厚比和钢级有关。

表6.1 径向非均布载荷对套管抗挤强度的影响表

规格(mm)	钢级	壁厚(mm)	API抗挤强度(MPa)	非均布抗挤强度(MPa)	强度下降(%)
114.3	P110	7.37	73.5	19.83	73
114.3	TP125V	7.37	101.6	22.81	77
127.0	P110	11.1	120.9	37.22	69
127.0	TP125V	11.1	140.3	42.66	70

6.1.2.2　横向力学模型及其求解

当地层中存在着强烈的地应力,钻进后井眼周围应力状态发生剧烈的变化,应力沿井壁的某一方向很大,而另一方向很小,甚至没有。这是由于地应力具有方向性,当钻井后地应力释放的结果。由于释放出来的地应力一般都沿水平方向,又叫水平地应力。这种水平地应力严重时可以使地层岩石沿井筒作定向滑动。另外,蠕变流动地层也可以水平流动而产生水平应力。

横向水平地应力作用下的套管力学模型如图 6.5 所示。其力学模型与径向力学模型相似,符号的意义也相同,只是外载的作用方向不同,即 q 的作用方向不同,如图 6.6 所示为套管受力分析图。

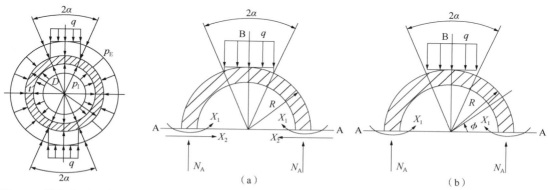

图 6.5　横向水平地应力
作用下套管力学模型

图 6.6　横向力学模型基本载荷(a)及力学系统(b)

由结构力学中的弯曲梁理论和超静定问题的位移正则方程。通过推导,可得到在套管横截面圆周上任意点处的应力,即应力分布规律:

当 $\varphi \in \left[0, \dfrac{\pi}{2} - \alpha \right]$ 时

$$\sigma = \frac{3}{2}qk^2 \left[\frac{1}{\pi} \left(\frac{\alpha}{2} + \alpha\sin^2 + \frac{3}{2}\sin\alpha\cos\alpha \right) - \sin\alpha\cos\varphi \right] +$$
$$\frac{1}{2}qk\sin\alpha\cos\varphi + \frac{1}{2}k(p_e - p_i) \tag{6.17}$$

当 $\varphi \in \left[\dfrac{\pi}{2}\alpha, \dfrac{\pi}{2} \right]$ 时

$$\sigma = \frac{3}{2}qk^2 \left[\frac{1}{\pi} \left(\frac{\alpha}{2} + \alpha\sin^2\alpha + \frac{3}{2}\sin\alpha\cos\alpha \right) - \frac{1}{2} \left(\sin^2\alpha + \cos^2\varphi \right） \right] +$$
$$\frac{1}{2}qk\cos^2\varphi + \frac{1}{2}k(p_e - p_i) \tag{6.18}$$

同样可得到使应力最大的包角,即临界包角为:

$$\alpha_c = 90° \tag{6.19}$$

式(6.19)中,令 $\sigma = \sigma_t$,则可得到套管柱发生失稳的临界非均布载荷 q_c 为:

当 $\varphi \in \left[0, \dfrac{\pi}{2} - \alpha\right]$ 时

$$q_c = \frac{\sigma_t - \dfrac{1}{2}k(p_e - p_i)}{\dfrac{3}{2}k^2\left[\dfrac{1}{\pi}\left(\dfrac{\alpha}{2} + \alpha\sin^2\alpha + \dfrac{3}{2}\sin\alpha\cos\alpha\right) - \sin\alpha\cos\varphi\right] + \dfrac{1}{2}k\sin\alpha\cos\varphi} \qquad (6.20)$$

当，$\varphi \in \left[\dfrac{\pi}{2} - \alpha, \dfrac{\pi}{2}\right]$ 时

$$q_c = \frac{\sigma_t - \dfrac{1}{2}k(p_e - p_i)}{\dfrac{3}{2}k^2\left[\dfrac{1}{\pi}\left(\dfrac{\alpha}{2} + \alpha\sin^2\alpha + \dfrac{3}{2}\sin\alpha\cos\alpha\right) - \dfrac{1}{2}(\sin^2\alpha + \cos^2\alpha)\right] + \dfrac{1}{2}k\cos^2\varphi} \qquad (6.21)$$

根据式(6.17)和式(6.18)得到套管柱圆周上应力的分布规律如图6.7所示。

由图6.7可知，当 $\alpha = 0°$ 或90°时，应力达到最大值。表明A点或B点最危险。大约在45°左右时应力为零。而且从0°到45°是张应力，而45°到90°是压应力。

同理，由式(6.17)和式(6.18)可以得到套管圆周上的最大应力与包角的变化关系如图6.8所示。

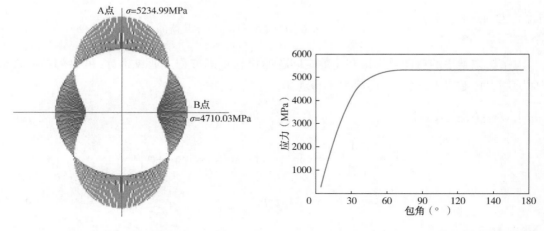

图6.7　横向非均布应力分布图　　　　图6.8　套管圆周上最大应力与包角之间的关系图

由图6.8可知，套管圆周上的最大应力随包角 α 增大而单调增大，一直到接近90°时趋于稳定值。这表明当包角为90°时，套管圆周上的最大应力达到极大值，即包角为90°时套管受力最危险。在现场应用中应最大限度地减少套管偏心和水泥窜槽，从而减少地非均布应力对套管受力的影响。

由式(6.20)和式(6.21)可以求得套管的临界抗挤强度。表6.2是横向水平非均布载荷对套管抗挤强度的影响。

表 6.2　横向非均布载荷对套管抗挤强度的影响表

规格（mm）	钢级	壁厚（mm）	API 抗挤强度（MPa）	非均布抗挤强度（MPa）	强度下降（%）
114.3	P110	7.37	73.5	16.93	77
114.3	TP125V	7.37	101.6	19.47	81
127.0	P110	11.1	120.9	32.1	73
127.0	TP125V	11.1	140.3	36.79	74

将表 6.1 和表 6.2 比较可知,在同样的条件下,横向非均布载荷对套管抗挤强度的影响要比径向非均布载荷对套管强度的影响要大 16.5% 左右,由载荷作用的方式不同造成的。根据力的作用原理,套管沿径向的承载能力要比沿横向的承载能力大。

一般在塑性蠕变地层,如盐膏层、吸水膨胀地层等产生的非均布载荷沿套管径向方向作用,宜采用径向模型。而由于原始地应力和压裂引起的井壁滑移等宜采用横向模型。

由上述可知:

（1）在非均布载荷作用下,套管的抗挤强度会大大降低;

（2）在非均布载荷作用下,套管柱的破坏是局部失稳破坏而不是强度破坏,因此,在非均布载荷下套管的抗挤毁能力很差;

（3）为了避免和减少非均布载荷对套管柱临界抗挤强度的影响,必须提高固井质量,最大限度地避免或减少水泥窜槽和套管偏心等;

（4）复杂地质条件下套管柱强度设计时,必须考虑非均布外载的影响,否则会造成套套挤毁事故。

6.2　非均布载荷下套管强度设计方法

6.2.1　套管有效外载计算

（1）套管有效内压力计算。

环玛湖斜坡地区油藏埋深较深,以水平井开发为主,长水平段分段多级压裂投产,套管最大内压载荷来自于"大液量、大排量、高泵压"压裂施工,采用套管压裂,井口套管内压按地层压裂时的井口最高泵压考虑,井底套管内压按液柱压力+井口泵压考虑。井口最高泵压按套管抗内强度的 80% 进行限压,出现砂堵,压力超过限压时,应降排量或停泵。

$$p_d = 9.81 \times 10^{-3} \rho_n H + p_b \qquad (6.22)$$

式中　p_d——井底液柱压力,MPa;

　　　p_b——井口泵压,MPa;

　　　ρ_n——压裂液密度,g/cm³;

　　　H——井深,m。

计算出最大内压力后,有效内压力等于管内最大内压力减去管外地层盐水柱压力。这样更安全。所以:

$$p_i = p_d - 9.81 \times 10^{-3} \rho_w H \qquad (6.23)$$

式中　p_i——有效内压力,MPa;

　　　ρ_w——地层水密度(1.02~1.05),g/cm³。

（2）套管有效外压力计算。

有效外压力是套管柱可能受到的最大外压力与管内最小压力之差。非塑性地层视其岩石结构坚固、强度大，在钻井过程中和固井后地层不会出现缩径和垮塌等现象。对于这种稳定地层外挤压力的计算不考虑岩石侧压力的作用，只考虑管外最大静液压力与管内最小静液压力的差。

$$p_o = 9.81 \times 10^{-3} [\rho_m - (1-k)\rho_n] H \qquad (6.24)$$

式中　p_o——有效外挤压力，MPa；

　　　ρ_m——钻井液密度，g/cm^3；

　　　k——管内钻井液掏空系数或漏失系数，$k=1$ 为全掏空；

　　　ρ_n——管内流体密度，g/cm^3；

　　　H——井深，m。

对于易垮塌、膨胀地层及各种塑性蠕变地层等不稳定地层，套管柱有效外挤压力计算比较复杂，可用式（6.25）计算：

$$p_o = \frac{\mu}{1-\mu} \times p_v - 9.81 \times 10^{-3}(1-k)\rho_n H \qquad (6.25)$$

式中　μ——岩石波桑系数；

　　　p_v——上覆岩层压力（$p_v = 9.81 \times 10^{-3} \rho_v H$），MPa；

　　　ρ_v——上覆岩层岩石密度，g/cm^3。

对于采用"大液量、大排量、高泵压"压裂施工，压裂引起地层局部地应力发生改变，在套管圆周上某部位作用着非均布载荷，套管抗挤强度按非均布载荷作用下的抗挤强度考虑，地层外挤压力按地层闭合压力考虑。套管有效外压力等于地层闭合压力与管内静液压力的差。

$$p_o = p_{bh} - 9.81 \times 10^{-3} \rho_n H \qquad (6.26)$$

式中　p_{bh}——地层闭合压力，MPa；

　　　ρ_n——管内流体密度，g/cm^3。

地层闭合压力是指已存在裂缝张开的最小缝内流体作用在裂缝面的平均压力，可通过现场阶梯注入测试、回流测试、平衡实验法或压后压降分析方法确定。现场压裂施工前，一般都要进行压裂测试，压裂地层后停泵观察停泵压力下降情况，可以将停泵压力+管内液柱压力近似看作地层闭合压力（表6.3）。

表 6.3　现场压裂测试情况表

井号	井段（m）	垂深（m）	地破压力（MPa）	停泵压力（MPa）	闭合压力（MPa）
玛 132_H	4290~4333	3343	51	17.6	51
玛 18	3898~3906	3902	68	33.6	73

6.2.2　非均布抗挤强度计算

（1）确定载荷包角。

因为在设计时套管还未下井无法预测包角的大小。为了安全起见，按临界包角计算，因为非均布载荷一般都发生在地质条件十分复杂的井段，一旦出现非均布外载套管将会发生挤毁事故。

对径向模型：

$$\alpha = \alpha_c = 45°$$ (6.27)

对横向模型：

$$\alpha = \alpha_c = 90°$$ (6.28)

（2）套管的屈服强度。

套管屈服确定可按如下公式计算。

① 用套管钢级计算。

$$\sigma_t = \frac{s_{\text{钢}} \times 1000}{145}$$ (6.29)

式中 σ_t——套管屈服强度，MPa；

$s_{\text{钢}}$——套管钢级代号（如 N80，$s_{\text{钢}}=80$）。

②用管体屈服强度计算。

$$\sigma_t = \frac{10p_y}{0.785\pi(d_o^2 - d_i^2)}$$ (6.30)

式中 p_y——套管管体屈服强度，kN；

d_o，d_i——套管外径和内径，cm。

③ 确定临界非均布抗挤强度。

对径向模型：

$$q_c = \frac{2\sigma_t - k(p_e - p_i)}{0.621k^2 + 0.146k}$$ (6.31)

对横向模型：

$$q_c = \frac{8\left[\sigma_t - \dfrac{1}{2}k(p_e - p_i)\right]}{3k^2}$$ (6.32)

（3）非均布抗挤强度校核。

计算出套管非均布临界抗挤强度和有效岩石侧压力后，如果 $\dfrac{q_c}{p_o} \geq S_c$（抗挤安全系数），则满足要求，否则选择高一级套管重新计算，直到满足要求为止。

国外 Pattillo 等人对非均布载荷下套管抗挤强度进行了理论和实验研究，提出套管非均匀挤毁力学模型及套管非均布临界抗挤强度公式，影响因素只考虑了套管屈服强度和径厚比，未考虑内外压力。与 Pattillo 模型临界抗挤强度对比分析，误差为 -9.4% ~ +11.7%，横向非均布载荷模型不考虑内外压力对套管非均布载荷下临界抗挤强度的影响，计算结果与 Pattillo 模型临界抗挤强度对比分析，误差 -2.3%，见表 6.4。

表 6.4 与 Pattillo 模型计算结果对比表

套管尺寸（mm）	壁厚（mm）	钢级	径向模型（MPa）	横向模型考虑/不考虑（MPa）	Pattillo 模型（MPa）	相对 Pattillo 误差（%）	
						径向	横向
114.3	7.37	TP125V	22.79	19.45/20.98	21.47	+6.1	-9.4/-2.3
114.3	8.56	TP125V	30.98	26.57/28.35	29.02	+6.8	-8.4/-2.3
127.0	11.1	P110	37.35	31.94/33.99	34.78	+7.3	-8.1/-2.3

续表

套管尺寸 （mm）	壁厚 （mm）	钢级	径向模型 （MPa）	横向模型考虑/不考虑 （MPa）	Pattillo 模型 （MPa）	相对 Pattillo 误差（%）	
						径向	横向
127.0	11.1	TP125V	42.69	36.54/38.59	39.48	+8.1	−7.4/−2.3
139.7	10.54	P110	30.50	26.17/26.72	27.34	+11.5	−4.2/−2.3
139.7	10.54	TP125V	32.94	28.26/28.81	29.48	+11.7	−4.1/−2.3

6.3　非均布载荷下套管抗挤强度计算软件

6.3.1　软件界面

建立非均布载荷下套管抗挤强度计算模型(径向、横向),考虑套管屈服强度、径厚比、内外压力及非均布载荷包角的影响,在 VB 环境下开发了计算分析软件,软件界面如图 6.9 所示。

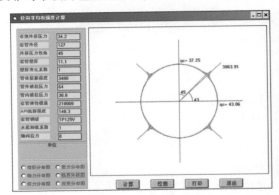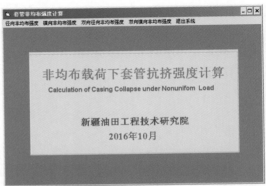

图 6.9　非均布载荷下套管抗挤强度计算软件界面

6.3.2　软件功能

非均布载荷下套管抗挤强度计算软件功能:套管截面应力、剪力、临界外挤、应变、弯矩及轴力分析。径向模型外挤压力包角取 90°,可进行均布载荷下套管应力、剪力、临界外挤、应变、弯矩及轴力分析,如图 6.10 至图 6.12 所示。

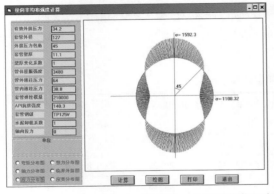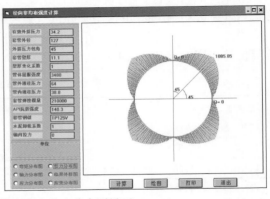

图 6.10　非均布载荷下套管应力和剪力分布图界面

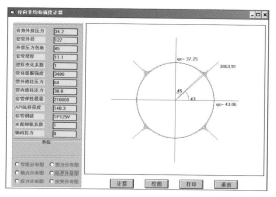
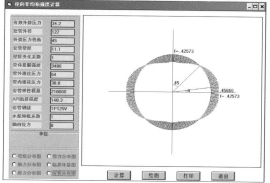

图 6.11　非均布载荷下套管临界外挤和应变分布图界面

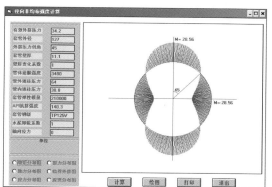
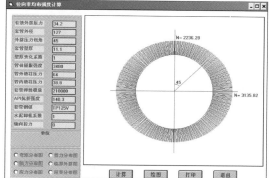

图 6.12　非均布载荷下套管弯矩和轴力分布图界面

6.4　非均布载荷下套管设计实例

6.4.1　玛 131 井区 MaHW1324 井套管设计实例

（1）井身结构。

一开：ϕ381.0mm 钻头钻至井深 500m，下入 ϕ273.1mm J55×8.89mm 表层套管。

二开：ϕ241.3mm 钻头钻至井深 2924m，下入 ϕ193.7mm P110×（9.52mm+10.92mm）技术套管。

三开：ϕ165.1mm 钻头钻至井深 5471m，下入 ϕ127.0mm（P110+TP125V）×11.1mm 油层套管。

（2）完井数据。

完钻井深 5471m，垂深 3409.08m，井斜角 88.88°，方位 178.96°，水平位移 2299.81m，水平段长 2005m，钻井液密度 1.34g/cm³，漏斗黏度 60s。

（3）完井要求。

固井射孔完井，桥塞分段压裂，压裂时井口限压 80MPa（套管抗内压强度的 80%）考虑。

（4）套管有效载荷计算。

压裂液密度为 1.02g/cm³，地层水密度为 1.05g/cm³，井底套管有效内压力为：

$$p_i = 9.81 \times 10^{-3} \times 1.02 \times 3409.08 + 80 - 9.81 \times 10^{-3} \times 1.05 \times 3409.08 = 79MPa$$

玛 131 井区百口泉组地层压力系数为 1.23，地层闭合压力为 50~60MPa，井底套管有效外压力为：

$$p_o = 60 - 9.81 \times 10^{-3} \times 1.02 \times 3409.08 = 25.9MPa$$

（5）套管强度校核见表 6.5。

表 6.5　套管强度校核表

规格（mm）	钢级	壁厚（mm）	抗内压强度（MPa）	抗挤强度（MPa）	非均布抗挤强度（MPa）	抗挤安全系数（径向/横向）
127.0	P110	11.1	102.5	121	37.22/32.1	1.43/1.24
127.0	TP125V	11.1	110.3	140.3	42.66/36.79	1.65/1.42

（6）套管优选图版。

从图 6.13 可知，玛 131 井区水平井水平段选用 φ127.0mm P110×11.1mm 套管能满足压裂非均布载荷下的抗挤要求，各级压裂桥塞下放到位，压裂完后钻桥塞施工正常，无遇阻现象。

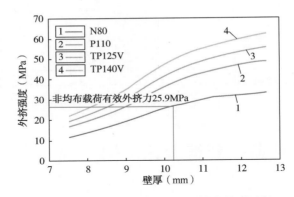

图 6.13　玛 131 井区 φ127.0mm 套管优选图版

6.4.2　玛 18 井区 MaHW6004 井应用

（1）井身结构。

一开：φ273.1mm 钻头钻至井深 500m，下入 φ273.1mm J55×8.89mm 表层套管。

二开：φ241.3mm 钻头钻至井深 3140m，下入 φ193.7mm P110×（9.52mm+10.92mm）技术套管。

三开：φ165.1mm 钻头钻至井深 5011m，下入 φ127.0mm（P110+TP125V）×11.1mm 油层套管。

（2）完井数据。

完钻井深 5011m，垂深 3885.3m，井斜角 90°，方位 180°，水平位移 1247.47m，水平段长 938m，钻井液密度 1.73g/cm³，漏斗黏度 80s。

（3）完井要求。

固井射孔完井,桥塞分段压裂,压裂时井口限压 80MPa(套管抗内压强度的 80%)考虑。

（4）套管有效载荷计算。

压裂液密度为 $1.02\mathrm{g/cm^3}$,地层水密度为 $1.05\mathrm{g/cm^3}$,井底套管有效内压力为:

$$p_i = 9.81 \times 10^{-3} \times 1.02 \times 3885.3 + 80 - 9.81 \times 10^{-3} \times 1.05 \times 3885.3 = 78.9\mathrm{MPa}$$

玛 18 井区百口泉组地层压力系数为 1.68,地层闭合压力为 73MPa,井底套管有效外压力为:

$$p_o = 73 - 9.81 \times 10^{-3} \times 1.02 \times 3885.3 = 34.2\mathrm{MPa}$$

（5）套管强度校核见表 6.6。

表 6.6　套管强度校核表

规格(mm)	钢级	壁厚(mm)	抗内压强度(MPa)	抗挤强度(MPa)	非均布抗挤强度(MPa)	抗挤安全系数(径向/横向)
127.0	P110	11.1	102.5	121	31.81/27.44	0.93/0.80
127.0	TP125V	11.1	110.3	140.3	37.25/32.13	1.09/0.94

（6）套管优选图版。

从图 6.14 可知,玛 18 井区水平井水平段选用 ϕ127.0mm TP125V×11.1mm 套管能满足压裂非均布载荷下的抗挤要求,各级压裂桥塞下放到位,压完后钻桥塞施工正常,无遇阻现象。

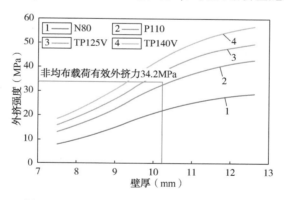

图 6.14　玛 18 井区 ϕ127.0mm 套管优选图版

6.4.3　玛东 2 井区 MDHW001 井应用

（1）井身结构。

一开:ϕ339.7mm 钻头钻至井深 504m,下入 ϕ339.7mm J55×9.65mm 表层套管。

二开:ϕ311.2mm 钻头钻至井深 2937m,下入 ϕ244.5mm P110×(11.05mm+11.99mm)技术套管。

三开:ϕ215.9mm 钻头钻至井深 3890m,下入 ϕ177.8mm TP125V×10.36mm 技术尾管。

四开:ϕ152.4mm 钻头钻至井深 5090m,下入 ϕ139.7mm TP125V×12.09mm+ϕ114.3mmTP125V×8.56mm 油层套管。

（2）完井数据。

完钻井深 5090m，垂深 3789.71m，井斜角 88.1°，方位 205.25°，水平位移 1445.66m，水平段长 1200m，钻井液密度 1.45g/cm³，漏斗黏度 62s。

（3）完井要求。

固井射孔完井，桥塞分段压裂，压裂时井口限压 85MPa。

（4）套管有效载荷计算。

压裂液密度为 1.02g/cm³，地层水密度为 1.05g/cm³，井底套管有效内压力为：

$$p_i = 9.81 \times 10^{-3} \times 1.02 \times 3789.71 + 85 - 9.81 \times 10^{-3} \times 1.05 \times 3789.71 = 83.9\text{MPa}$$

玛东 2 井区下乌尔禾组地层压力系数为 1.516，地层闭合压力为 65MPa，井底套管有效外压力为：

$$p_o = 65 - 9.81 \times 10^{-3} \times 1.02 \times 3789.71 = 27.12\text{MPa}$$

（5）套管强度校核见表 6.7。

表 6.7　套管强度校核表

规格（mm）	钢级	壁厚（mm）	抗内压强度（MPa）	抗挤强度（MPa）	非均布抗挤强度（MPa）	抗挤安全系数（径向/横向）
139.7	TP125V	12.09	124.0	136	34.44/29.7	1.27/1.10
114.3	TP125V	8.56	113.0	109.2	28.34/24.31	1.04/0.9

（6）套管优选图版。

从图 6.15 可知，玛东 2 井区水平井水平段选用 ϕ114.3mm TP125V×8.56mm 套管能满足压裂非均布载荷下的抗挤要求，各级压裂桥塞下放到位，压完后钻桥塞施工正常，无遇阻现象。

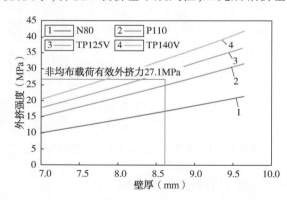

图 6.15　玛东 2 井区 ϕ114.3mm 套管优选图版

6.4.4　风南 4 井区 FNHW4001 井应用

（1）井身结构。

一开：ϕ381.0mm 钻头钻至井深 500m，下入 ϕ273.1mm J55×8.89mm 表层套管。

二开：ϕ215.9mm 钻头钻至井深 4143m，下入 ϕ139.7mm P110×10.54mm + ϕ139.7mm TP125V×10.54mm 油层套管。

（2）完井数据。

完钻井深 4143m，垂深 2825m，井斜角 83.6°，方位 180°，水平位移 1499.99m，水平段长 1208m，钻井液密度 1.19g/cm³，漏斗黏度 62s。

（3）完井要求。

固井射孔完井，桥塞分段压裂，压裂时井口限压 70MPa。

（4）套管有效载荷计算。

压裂液密度为 1.02g/cm³，地层水密度为 1.05g/cm³，井底套管有效内压力为：

$$p_i = 9.81 \times 10^{-3} \times 1.02 \times 2825 + 70 - 9.81 \times 10^{-3} \times 1.05 \times 2825 = 69.2\text{MPa}$$

风南 4 井区百口泉组地层压力系数为 1.11，地层闭合压力为 50.2MPa，井底套管有效外压力为：

$$p_o = 50.2 - 9.81 \times 10^{-3} \times 1.02 \times 2825 = 22\text{MPa}$$

（5）套管强度校核见表 6.8。

表 6.8　套管强度校核表

规格（mm）	钢级	壁厚（mm）	抗内压强度（MPa）	抗挤强度（MPa）	非均布抗挤强度（MPa）	抗挤安全系数（径向/横向）
139.7	P110	10.54	90.7	100.2	30.5/26.17	1.39/1.19
139.7	TP125V	10.54	90.8	120.3	32.94/28.26	1.50/1.28

（6）套管优选图版。

从图 6.16 可知，风南 4 井区水平井水平段选用 ϕ139.7mm P110×10.54mm 套管能满足压裂非均布载荷下的抗挤要求。

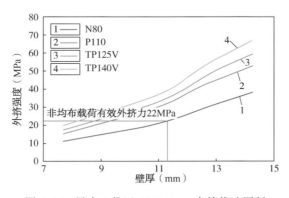

图 6.16　风南 4 井区 ϕ139.7mm 套管优选图版

6.5　套管柱设计试验及推广应用

2015—2016 年，在玛 131 井区实施 6 口，风南 4 井区实施 3 口，玛 18 井区、艾湖 2 和玛东 2 等井区共实施 18 口井，其中完成压裂施工 13 口井，下桥塞和钻桥施工正常，未出现套损。

玛 18 和玛东 2 井区套管非均布载荷下抗挤安全系数为 1 左右，无优化空间；而玛 131、风南4井区套管非均布载荷下抗挤安全系数为1.65与1.5,存在优化空间,后续可进行优化,具体见表6.9。

表6.9　试验及推广应用水平井套管柱设计表

区块	井深（m）	水平段长（m）	钻井液密度（g/cm³）	外径（mm）	钢级	壁厚（mm）	API抗挤强度（MPa）	非均布抗挤强度（MPa）	抗挤安全系数（径向/横向）
玛131	5483	2000	1.34	127	P110	11.1	121	37.22/32.1	1.43/1.24
				127	TP125V	11.1	140.3	42.66/36.79	1.65/1.42
玛18	5043	950	1.71	127	P110	11.1	121	31.81/27.44	0.93/0.80
				127	TP125V	11.1	140.3	37.25/32.13	1.09/0.94
玛东2	5090	1199	1.57	114.3	TP125V	8.56	109.2	28.34/24.31	1.04/0.9
风南4	4143	1200	1.19	139.7	P110	10.54	100.2	30.5/26.17	1.39/1.19
				139.7	TP125V	10.54	120.3	32.94/28.26	1.50/1.28

第7章 套管下入技术

为了保证套管下入设计井深,需要对套管下入过程进行受力分析,同时,在下套管之前通常采用原有钻具进行通井划眼作业,特别是大尺寸水平段水平井下套管作业前,必须要采用刚度适当的钻具进行通井作业,对卡钻、狗腿度大的井段进行重点划眼。

7.1 套管下入过程受力分析

7.1.1 井眼摩阻理论模型

作为水平井的关键技术之一,下套管作业技术随着水平井的广泛应用也在不停地发展着,其核心是预测套管在下入过程中的摩阻问题。总体上来说,套管下入摩阻预测理论是借用钻井杆柱的受力分析模型来进行的。自 20 世纪 80 年代以来,国外的一些学者针对钻柱受力情况先后建立了各种以"软绳"模型为基础的模型。"软绳"模型是认为井下管柱是一条不承受弯矩的软绳,但可承受扭矩。若井眼直径与管柱直径之比较大,且管柱刚度较小,井眼不出现严重狗腿度的情况下,则管柱刚度对其受力的影响比较小,在分析中可以采用"软绳"模型。约翰西克在 1983 年首次对全井管柱受力进行了研究,在研究过程中作了以下几点假设:

(1)管柱与井眼中心线一致;

(2)管柱与井壁连续接触;

(3)假设管柱为一条只有重量而无刚性的柔索;

(4)忽略管柱中剪力的存在;

(5)除考虑钻井液的浮力外忽略其他与钻井液有关的因素。

约翰西克的全井管柱受力模型为:

$$\begin{cases} \Delta T = W\cos\bar{\alpha} \pm \mu N \\ \Delta M_t = \mu N r \\ N = \left[(T\Delta\theta\sin\bar{\alpha})^2 + (T\Delta\alpha + W\sin\bar{\alpha})^2 \right]^{\frac{1}{2}} \end{cases} \tag{7.1}$$

式中　T——管柱单元下端的轴向拉力,N;

　　　M_t——管柱扭矩,N·m;

　　　N——管柱与井壁的接触力,N;

　　　r——管柱半径,m;

　　　W——管柱在钻井液中的重量,N;

　　　μ——管柱与井壁的摩擦系数;

$\alpha, \Delta\alpha, \Delta\theta$——平均井斜角、井斜角增量和方位角增量,起钻时取加号,下钻时取减号。

约翰西克同时指出,摩阻系数的选择应确保它们的实用性。由于模型中没有考虑管柱的刚度,一般将这种模型称为"软绳"模型,其模型简单,能够满足一般条件下的计算精度要求。由于该模型忽略了管柱的刚度、井眼清洁和水动力的作用,计算结果不是低估了摩阻和扭矩的大小,就是过高估计了摩阻系数,使其使用受到了限制。

1986 年,Sheppard 等人将摩阻和扭矩计算理论用于井眼轨迹设计,研究了井眼轨迹形状对拉力、扭矩的影响。通过分析认为悬链线轨迹能减少扭矩和拉力。在轴向力计算中,仍延用约翰西克的软绳模型计算公式,只是强调应考虑钻井液内外压差对轴向力的修正作用。也就是引入一个法向力[如式(7.2)],然后在其公式中考虑了钻井液内外压差对轴向力的影响,而得到类似约翰西克的轴向力公式。

$$Ns = Ts\left[\left(\frac{\Delta\alpha}{\Delta s}\right)^2 + \sin^2\alpha\left(\frac{\Delta\theta}{\Delta s}\right)^2\right]^{\frac{1}{2}}\Delta s \tag{7.2}$$

式中　$s, \Delta s$——管柱轴线坐标轴和管柱轴线方向增量;

　　　$\Delta\theta$——方位角增量。

Maida 等人对井下管柱的拉力、扭矩进行了平面和空间的分析,建立了应用于现场的二维和三维数学模型。Maida 等人建立的模型由于没有考虑扭矩和弯曲井眼对管柱的弯曲应力的影响,属于"软绳"模型的范围,但该模型在弯曲井段进行了积分和微分处理,是对约翰西克模型的发展。

在 Maida 等人的三维模型中,基本假设与"软绳"模型假设一样,但是他考虑了井眼在空间上的变化,管柱与井眼接触面的影响和管柱与井液摩擦的影响,得到套管柱轴向受力平衡方程:

$$\begin{cases}\dfrac{\mathrm{d}F_A}{\mathrm{d}l} = q_u(l) \pm \mu_B C_s(l) q_N(l) \\[2mm] q_N(l) = \sqrt{q_b(l)^2 + \left[q_p(l) + \dfrac{F_A(l)}{R(l)}\right]^2} \\[2mm] q_u(l) = \boldsymbol{p}\overline{u(l)} \\[2mm] q_b(l) = \boldsymbol{p}\overline{b(l)} \\[2mm] q_p(l) = \boldsymbol{p}\overline{p(l)} \\[2mm] R = \dfrac{l_i - l_{i-1}}{\arccos\left[\cos(\theta_i - \theta_{i-1})\sin\alpha_i\sin\alpha_{i-1} + \cos\alpha_i\sin\alpha_{i-1}\right]}\end{cases} \tag{7.3}$$

式中　F_A——轴向载荷,N;

　　　l——管柱长,m;

　　　q_u——切线方向单位长度管柱的浮重,N/m;

　　　μ——管柱与井壁的摩擦系数;

　　　C_s——接触面修正因子;

　　　p——主法线方向单位向量;

q——单位长度管柱浮重，N/m；

q_b——副法线方向单位长度管柱的浮重，N/m；

q_N——主法线方向单位长度管柱的浮重，N/m；

R——曲率半径，m；

u——切线方向单位向量；

l_i，l_{i-1}——第 i 井段的下测点与上测点对应的井深，m；

θ_i，θ_{i-1}——第 i 井段的下测点与上测点对应的方位角，(°)；

α_i，α_{i-1}——第 i 井段的下测点与上测点对应的井斜角，(°)。

在 Maida 等人的二维模型中，忽略了方位角的变化和管柱与井眼接触面的形状变化。可以通过如下迭代方程求得管柱的轴向力：

$$F_{Ai-1} = A F_{Ai} + C_1 \frac{qR}{1+\mu_R} \left[(\mu_B - 1)(\sin\alpha_{i-1} - A\sin\alpha_i) + 2 C_2 \mu_B (\cos\alpha_{i-1} - A\sin\alpha_i) \right] \tag{7.4}$$

式中　F_{Ai}，F_{Ai-1}——第 i 井段的下测点与上测点对应的轴向载荷，N；

q——管柱线重，N/m；

R——井眼曲率半径，m；

A，C_1、C_2——常数。

当上提管柱时：

$$A = \exp\left[\mu_B (\alpha_i - \alpha_{i-1}) \right] \tag{7.5}$$

当下放管柱时：

$$A = \exp\left[\mu_B (\alpha_{i-1} - \alpha_i) \right] \tag{7.6}$$

常数 C_1 和 C_2 是通用常数，取值见表 7.1。

表 7.1　C_1 和 C_2 的取值表

井段	工况	管柱与井壁接触情况	C_1	C_2
增斜井段	起钻	上井壁	+1	−1
		下井壁	+1	+1
	下钻	上井壁	+1	+1
		下井壁	+1	−1
降斜井段	起钻	上井壁	−1	+1
		下井壁	−1	−1

同样，对于二维井眼，曲率半径可以简单地表示为：

$$R = \frac{l_i - l_i - 1}{\alpha_i - \alpha_i - 1} \tag{7.7}$$

式中　l——管柱长；

R——曲率半径，m；

u——切线方向单位向量；

α——井斜角，(°)。

从 Maida 等人的分析可知，对于一般的工程计算，二维模型都能满足计算精度，而且通过经典的 Rung—Kutta 方法计算时，一般三步就能得到结果，计算速度快。

1988年,英国BP公司的Child等人优化设计了管柱模拟装置,并应用连续梁理论建立了拉力、扭矩计算模型,给出了6口井实测数据,对所建立的理论模型进行了实验检验。通过分析计算后认为摩擦系数是钻井液体系和井眼参数的函数。

美国NL公司何华山等人首先建立了钻柱三维静力大变形控制方程,并使用有限差分法求其数值解。在井眼中的阻力分析方面,他使用"硬绳"模型代替原有的"软绳"模型,从而使井眼中的摩阻力预测计算更加精确。何华山的模型考虑了管柱的刚性对拉力、扭矩的影响,一般称这种模型为"硬绳"模型。该模型虽然考虑了刚度的影响,但其控制微分方程比较复杂,在轴向力和扭矩的耦合作用下,要准确求解是非常困难的。

按照软绳模型的假设详细推导了"软绳"模型方程如下:

$$\begin{cases} \dfrac{\mathrm{d}T}{\mathrm{d}s}-fN+g\,\overline{E}_\mathrm{g}\overline{E}_\mathrm{t}=0 \\ N_\mathrm{n}=-(TK_\mathrm{b}+g\,\overline{E}_\mathrm{g}\overline{E}_\mathrm{n}) \\ N_\mathrm{b}=-g\,\overline{E}_\mathrm{g}\overline{E}_\mathrm{b} \\ \dfrac{\mathrm{d}(-M_\mathrm{t}\,\overline{E}_\mathrm{t})}{\mathrm{d}s}+frN\,\overline{E}_\mathrm{t}=0 \end{cases} \quad (7.8)$$

在"软绳"模型的基础上,考虑了钻柱的刚度,得到如下方程:

$$\begin{cases} \dfrac{\mathrm{d}\left[T+M_\mathrm{B}^2/(2EI)\right]}{\mathrm{d}s}-fN+g\,\overline{E}_\mathrm{g}\overline{E}_\mathrm{t}=0 \\ \dfrac{\mathrm{d}^2M_\mathrm{b}}{\mathrm{d}s^2}+K_\mathrm{n}(K_\mathrm{b}M_\mathrm{t}+K_\mathrm{n}M_\mathrm{b})+TK_\mathrm{b}+N_\mathrm{n}+g\,\overline{E}_\mathrm{g}\overline{E}_\mathrm{n}=0 \\ \dfrac{-\mathrm{d}(K_\mathrm{b}M_\mathrm{t}+K_\mathrm{n}M_\mathrm{b})}{\mathrm{d}s}-K_\mathrm{n}\left(\dfrac{\mathrm{d}M_\mathrm{b}}{\mathrm{d}s}\right)+N_\mathrm{b}+g\,\overline{E}_\mathrm{g}\overline{E}_\mathrm{b}=0 \\ \dfrac{\mathrm{d}M_\mathrm{t}}{\mathrm{d}s}=T \\ T=frN \end{cases} \quad (7.9)$$

式中　g——重力加速度,$\mathrm{m/s}^2$;

　　　E_n——主法线方向;

　　　E_b——次法线方向;

　　　E_t——切线方向;

　　　K_n——主法线方向刚度;

　　　K_b——次法线方向刚度;

　　　f——摩擦系数;

　　　I——钻柱段的转动惯量$[I=\pi(D_\mathrm{o}^4-D_\mathrm{i}^4)/64]$;

　　　T——实际的轴向拉力,N;

　　　N——分布的法向接触力向量($N=N_\mathrm{n}E_\mathrm{n}+N_\mathrm{b}E_\mathrm{b}$)。

同时对比上述两种模型的计算结果,发现管柱刚度影响在钻铤段显著,在加重钻杆段影响稍弱,在钻杆段可以忽略;"硬绳"模型对局部井眼弯曲比较敏感。采用逐步先行逼近法建立了计算常曲率井眼内管柱拉力、扭矩的简化模型,并分别研究了起钻、下钻和钻进等不同工况下的拉力、扭矩的计算公式。在分析中假设管柱或与上井壁或与下井壁接触,并且管柱曲率与井眼曲率一致,忽略剪力的存在。模型可以用于分析大变形问题,但没有考虑弯矩的作用,对接触问题进行了简化处理,应归于"软绳"模型的范畴,建立的模型适合于设计井眼轨迹的摩阻扭矩分析与计算。

通过对井眼内安装扶正器和未安装扶正器套管柱的受力与变形进行分析,推导出大位移井中套管柱的摩阻计算模型。未安装扶正器的套管柱与安装扶正器的套管柱受力存在某些差别,主要表现在:后者的套管柱不与井壁接触,井壁对管柱的支承力集中在扶正器上,同时由于刚性效应,必须考虑初始弯曲的影响;而未安装扶正器井段的套管柱可以认为与井壁连续接触,管柱变形曲线与井眼轴线重合,需要考虑剪力作用。除此之外,二者的基本假设相同。

由于套管柱细长,一方面随井眼轴线弯曲,另一方面像柔索或链条一样紧贴井壁,因此作如下假设:

（1）井壁规则光滑;

（2）完井管柱与井壁紧密结合;

（3）完井管柱与井壁间为滑动摩擦;

（4）完井管柱的弯矩、剪切力和法向接触力为连续分布。

由上面这些假设可知模型考虑了管柱的刚度是一种"硬绳"模型,其模型为:

$$
\begin{cases}
\dfrac{\mathrm{d}F_t}{\mathrm{d}x} - F_f + F_{\tau z}\dfrac{\mathrm{d}\theta}{\mathrm{d}x} - F_{\tau y}\sin\theta\dfrac{\mathrm{d}\alpha}{\mathrm{d}x} - W\cos\theta = 0 \\[3mm]
\dfrac{\mathrm{d}F_{\tau y}}{\mathrm{d}x} + F_y + F_t\sin\theta - F_{\tau y}\cos\theta\dfrac{\mathrm{d}\alpha}{\mathrm{d}x} = 0 \\[3mm]
\dfrac{\mathrm{d}F_{\tau z}}{\mathrm{d}x} + F_z - F_t\dfrac{\mathrm{d}\theta}{\mathrm{d}x} - W\sin\theta + F_{\tau y}\cos\theta\dfrac{\mathrm{d}\alpha}{\mathrm{d}x} = 0 \\[3mm]
\dfrac{\mathrm{d}M_x}{\mathrm{d}x} = 0 \\[3mm]
\dfrac{\mathrm{d}M_y}{\mathrm{d}x} + F_{\tau y} - M_x\sin\theta\dfrac{\mathrm{d}\alpha}{\mathrm{d}x} + M_z\cos\theta\dfrac{\mathrm{d}\alpha}{\mathrm{d}x} = 0 \\[3mm]
\dfrac{\mathrm{d}M_z}{\mathrm{d}x} + F_{\tau y} - M_x\dfrac{\mathrm{d}\theta}{\mathrm{d}x} - M_y\cos\theta\dfrac{\mathrm{d}\alpha}{\mathrm{d}x} = 0
\end{cases}
\tag{7.10}
$$

式中　　F_t——管柱轴向力,N;

　　　　W——管柱浮重,N;

　　　　F_f——摩擦力,N;

　　　　x——井深,m;

　　　　$F_{\tau z}$,$F_{\tau y}$——剪切力,N;

　　　　F_y,F_z——接触力,N;

　　　　M_x——扭矩,N·m;

　　　　M_y,M_z——弯矩,N·m;

　　　　θ——井斜角,rad;

　　　　α——方位角。

由于假定完井管柱在已经给定剖面形状的井眼内与井壁贴合在一起,弯矩与曲率之间的关系式为:

$$\begin{cases} M_y = -EI\dfrac{\mathrm{d}\theta}{\mathrm{d}x} \\[3mm] M_z = -EI\sin\theta\dfrac{\mathrm{d}\alpha}{\mathrm{d}x} \end{cases} \tag{7.11}$$

从方程可知，扭矩 M_x 为常数，在上提和下放管柱时 $M_x = 0$。经整理并略去高次微分项，可以得出接触力 F_y 和 F_z 的表达式为：

$$\begin{cases} F_y = EI\dfrac{\mathrm{d}^2}{\mathrm{d}x^2}\left(\sin\theta\dfrac{\mathrm{d}\alpha}{\mathrm{d}x}\right) - F_t\sin\theta\dfrac{\mathrm{d}\alpha}{\mathrm{d}x} \\[3mm] F_z = -EI\dfrac{\mathrm{d}^3\theta}{\mathrm{d}x^3} + F_t\dfrac{\mathrm{d}\theta}{\mathrm{d}x} + W\sin\theta \end{cases} \tag{7.12}$$

因此接触法向力为：

$$F_n = \sqrt{F_y^2 + F_z^2} \tag{7.13}$$

如果不考虑管柱的刚度，即 $EI = 0$，则可以得到约翰西克的方程：

$$F_n = \sqrt{\left(F_t\sin\theta\dfrac{\mathrm{d}\alpha}{\mathrm{d}x}\right)^2 + \left(F_t\dfrac{\mathrm{d}\theta}{\mathrm{d}x} + W\sin\theta\right)^2} \tag{7.14}$$

最后得摩擦力：

$$F_f = \mu F_n \tag{7.15}$$

摩擦系数的确定是实际应用中摩阻计算的基础，它在水平井套管受力分析中有着十分重要的作用。国内外学者在研究水平井中摩阻的同时，也提出了许多确定摩擦系数的方法和模型。通过对比预测和实测的大钩载荷来校核摩擦系数的大小，一般认为摩擦系数为 $0.2 \sim 0.5$。同时，Maida 等人在对比分析所建立的二维和三维管柱力学模型时发现：

（1）井眼摩擦系数对井深、不同的井眼轨迹、管柱大小和它的表面并不敏感。提升套管时，对大于大多数的套管而言摩擦系数为 $0.21 \sim 0.3$，在下放套管时摩擦系数为 $0.27 \sim 0.43$。

（2）二维模型一般会高估摩擦系数，在用于轴向载荷计算时会低估了它的预测值。二维模型只有在井斜测量没有浅层狗腿时才能使用。

（3）总的井斜和测量深度是影响井眼摩擦系数的两个关键因素。所以浅井回归得到的摩擦系数不能用于预测更深和更斜的井。

在水平井中，由于套管自重及井眼弯曲等多种因素的作用，导致了套管作业中存在较大的摩阻。套管的摩阻计算是整个钻井过程中摩阻载荷计算的一小部分，但提高其摩阻预测精度仍是钻井的一个难点。同时准确地计算摩擦阻力的数值是必不可少的，这主要是为了：

（1）优化井身剖面，使套管柱的下入阻力最小；

（2）预测套管柱下入的难度，以便选择套管柱的下入方法，或考虑是否需采用特殊工具；

（3）计算注水泥过程中活动套管时的轴向载荷，以便进行套管柱强度设计。

水平井中的套管随着井身轨迹的变化而弯曲，实际上形成的井身轴线应是一条不规则的三维空间曲线。在进行具体分析时，需对这段曲线给以必要的简化。井身轴线仍可假设为一条圆弧，不过它是位于空间某一倾斜的平面上。因此，它不仅考虑了井斜角的变化而且还有方位角的变化。

如图 7.1 所示，取固定坐标系 $ONEH$，其中 N 轴、E 轴、H 轴分别指向地理的正北、正东和重力方向，相应的单位矢量分别是 e_1、e_2 和 e_3。在井眼轴线上取自然坐标系 t，n 和 b，分别表示井眼轴线的切线方向、主法线方向和副法线方向的单位矢量。s 表示弧长坐标。若取 e_g 表示重力方向的单位矢量，则有 $e_g = e_3$。

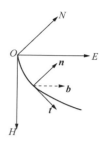

图 7.1　固定坐标和
自然坐标图

设井眼轴线上任一点矢量 $r = r(s, t)$，其中 s 和 t 分别为弧长和时间变量。用 Frenet 公式可以表示如下，若将 t，n 和 b 在固定坐标系下表示为：

$$\begin{cases} t = t_N e_1 + t_E e_2 + t_H e_3 \\ n = n_N e_1 + n_E e_2 + n_H e_3 \\ b = b_N e_1 + b_E e_2 + b_H e_3 \end{cases} \qquad (7.16)$$

则依据微分几何理论可导出式(7.17)中的方向余弦如下：

$$\begin{cases} t_N = \sin\alpha\cos\varphi \\ t_E = \sin\alpha\cos\varphi \\ t_H = \cos\alpha \end{cases}$$

$$\begin{cases} n_N = (K_\alpha\cos\alpha\cos\varphi - K_\varphi\sin\alpha\sin\varphi)/K_b \\ n_E = (K_\alpha\cos\alpha\sin\varphi - K_\varphi\sin\alpha\cos\varphi)/K_b \\ n_H = (-K_\alpha\sin\alpha)/K_b \end{cases} \qquad (7.17)$$

$$\begin{cases} b_N = (-K_\alpha\sin\varphi - K_\varphi\sin\alpha\cos\alpha\cos\varphi)/K_b \\ b_E = (K_\alpha\cos\varphi - K_\varphi\sin\alpha\cos\alpha\sin\varphi)/K_b \\ b_H = (K_\alpha\sin^2\alpha)/K_b \end{cases}$$

式中　α，φ，K_α，K_φ，K_b——井斜角、方位角、井斜变化率、方位角变化率及井眼曲率(或称全角变化率)。

由式(7.17)可以得到井眼轴线的曲率 K_b 和挠率 K_n：

$$\begin{aligned} K_b &= \sqrt{K_\alpha^2 + K_\varphi^2\sin^2\alpha} \\ K_n &= \frac{K_\alpha K_\varphi' - K_\varphi K_\alpha'}{K_b^2}\sin\alpha + K_\varphi\left(1 + \frac{K_\alpha^2}{K_b^2}\right)\cos\alpha \end{aligned} \qquad (7.18)$$

式中　K_α'，K_φ'——K_α，K_φ 的一阶导数。

7.1.2　井眼摩擦系数

井眼摩阻理论模型中，摩擦系数(μ)是一个非常重要的参数，它的变化将会引起套管轴向载荷的极大变化。因此，正确合理地确定摩擦系数是摩阻分析中的一个重要内容。

国内外学者在研究定向井中摩阻的同时，也提出了许多确定摩擦系数的方法和模型。最初对于摩擦系数的研究始于钻柱。Johancsik 等在推导其摩阻、扭矩计算公式时，也提出了计算摩擦系数的计算模型：

$$\mu = \frac{W - F_浮}{N} \qquad (7.19)$$

式中　W——大钩载荷，N；

　　　$F_浮$——套管柱浮重，N；

　　　N——套管正压力，N。

Johancsik 认为摩擦系数在很大程度上依赖于钻井液类型和井眼情况。其摩擦系数计算模型使井壁与套管相互作用的复杂系统过于简单化，没有考虑水动力的作用，且忽略了岩性、岩石剪切力等影响，因而其使用受到了限制。

直到 20 世纪 80 年代后期，有学者指出井眼摩擦系数不仅仅是指物理学中的滑动摩擦，而是还包括了滑动摩擦系数在内的综合摩擦系数，主要取决于钻井液及其滤饼的润滑性、岩石性质和井眼几何形状以及管柱结构等。

用实际大钩载荷来校正预设的井眼摩擦系数来获取比较真实的摩擦系数，这种方法称为摩擦系数拟合法。该方法一经产生就迅速得到了推广，其中具有代表性的是 E. E. Midia 等人推出的模型。模型中分析了增斜段、降斜段和稳斜段三种情况下提升和下放套管时摩擦系数的变化，并给出计算公式。随后又在原有的模型上做出了改进，使得摩擦系数的确定更为精确，其计算公式为：

$$\mu = \frac{\left| F_{钩载} - Q_浮 \pm F_{黏滞力} \right|}{\int^D q_N(l)\,\mathrm{d}l} \tag{7.20}$$

E. E. Midia 等人认为摩擦系数与井身结构无关，它表示的是管柱与井壁间的机械作用，应取决于钻井液、泥饼和岩石的性质及管柱和井眼表面的结构。尽管计算摩擦系数的公式和模型各不相同，但都采用的是摩擦系数拟合法。在确定摩擦系数的时候也是采取了摩擦系数拟合法，即：先预设一个井眼摩擦系数，然后计算出一个大钩载荷，再通过实际大钩载荷来校正计算值，从而修改井眼的摩擦系数，直到计算的大钩载荷和实际大钩载荷的误差达到精度范围内为止。这时得出的摩擦系数就为计算套管段的平均摩擦系数。用该方法得出的摩擦系数不是一个测量值，而是一个与钻井液密度、管柱结构和井眼几何参数有关的计算值，并且该值以实测大钩载荷为基础，其主要误差为模型误差和实测大钩载荷误差。所以要求实测大钩载荷尽量地贴近实际，在测量大钩载荷时一定要注意上提或下放都要缓慢进行，尽量减少动载的影响。

由于摩擦系数在很大程度上取决于钻井液类型和井眼本身的情况，要得到一个具有使用价值的有效摩擦系数值，需要收集同一地区大量的有效摩擦系数值，并进行统计和比较，表7.2 就是常用钻井液的井眼摩擦系数。

表 7.2　常用钻井液井眼摩擦系数值表

钻井液体系	套管内摩擦系数	裸眼内摩擦系数
水基钻井液	0.24	0.29
油基钻井液	0.17	0.21
盐水钻井液	0.3	0.3

7.2　通井钻具组合设计

在固井作业前通井的目的主要是扩划井壁、破除台肩、消除井壁阻点。通井钻具结构应充分考虑所钻井井眼轨迹和入井管柱的特殊性，通过计算下部钻柱和入井套管的刚度，对比分析其尺寸、刚度和长度因素，模拟套管刚度通井，综合考虑该井的井眼准备情况，设计通井钻具结构进行通井作业。当所设计的通井钻具组合的刚度大于套管刚度时，理论上说明套管比钻具更加柔软，更容易下入设计井深。充分有效地做好通井钻具组合与即将下入套管的刚度匹配工作，并针对下入套管的尺寸和刚度特点，制订科学合理的通井钻具结构，确保套管成功下至设计井深的前提条件。目前，钻井施工现场所使用的通井钻具与套管刚度匹配的计算公式，是把扶正器作为绞支，只计算中间扶正器的刚度。然而，实际上钻铤对整个下部钻具刚度的影响是不能忽略的。因为一个扶正器的长度大概为一根钻铤的 1/9，而惯性矩却比钻铤大很多。

7.2.1　钻具组合与套管的刚度匹配设计

油田现场用的刚度匹配计算方法实际的双扶通井钻具组合，现场使用的刚度匹配公式是把图 7.2 中的扶正器假设为绞支，只考察中间钻铤与套管的刚度匹配关系。

图 7.2　通井钻具组合示意图

于是得到通井钻具与套管的刚度匹配比值(刚度比 m)为：

$$m = \frac{k_{钻铤}}{k_{套管}} = \frac{EI_{钻铤}}{EI_{套管}} = \frac{I_{钻铤}}{I_{套管}} = \frac{D_{钻铤}^4 - d_{钻铤}^4}{D_{套管}^4 - d_{套管}^4} \tag{7.21}$$

式中　$D_{钻铤}$——钻铤外径，mm；

　　　$D_{套管}$——套管外径，mm；

　　　$d_{钻铤}$——钻铤内径，mm；

　　　$d_{套管}$——套管内径，mm；

　　　$k_{钻铤}$，$k_{套管}$——分别为钻铤和套管的刚度；

　　　E——弹性模量；

　　　I——惯性矩。

当 $m \geq 1$ 时说明钻铤的刚度大于套管刚度，套管在井下比钻铤更柔软，理论上套管应能下至预定位置。当 $m < 1$ 时，则需重新设计刚度更大的通井钻具组合，以保证套管的顺利下入(不考虑其他因素的影响)。

由于扶正器的加入，使整体钻具组合的刚度要产生变化，而且这种变化是不可忽略的。可以把图 7.2 所示的钻具组合重新简化成另一种材料力学模型，为了更为普遍化，中间可以加入若干个刚度不等、长度不等、各小段均质的梁，如图 7.3 所示。

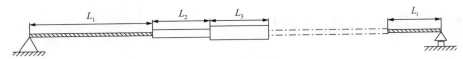

图 7.3　钻具组合简化示意图

采用加权平均法，计算钻具组合的等效惯性矩为：

$$I_{钻铤} = \frac{\sum\limits_{i=1}^{n} I_i L_i}{\sum\limits_{i=1}^{n} L_i} \qquad (7.22)$$

式中　I_i——第 i 段的惯性矩；

　　　L_i——第 i 段的长度，mm。

于是得到的刚度匹配关系值 m。

$$I_{钻铤} = \frac{\sum\limits_{i=1}^{n} I_i L_i}{I_{套管} \sum\limits_{i=1}^{n} L_i} \qquad (7.23)$$

式中　$I_{套管}$——套管的惯性矩。

其他符号含义与式(7.22)相同。

可以反过来验证不考虑扶正器刚度的情况时，可以设 $I_i = I_{钻铤}$，则式(7.22)和式(7.23)相等。由此说明式(7.23)更具有普遍性。

因此，可得出在不同的钻具组合情况下，通井钻具组合与所下入套管的刚度匹配关系。在计算的时候，应该把钻具组合最上面的扶正器作为最后一个计算的单元梁，由于扶正器是最可能与井壁发生接触的部位，以此作为简支梁的绞链较为合理，计算结果见表7.3。

表 7.3　不同钻具组合刚度匹配关系表

通井钻具组合类型	刚度比 m
钻头+钻铤(1 根)+扶正器+钻铤(若干)(单扶钻具)	$\dfrac{I_{钻铤}L_{钻铤} + I_{扶正器}L_{扶正器}}{I_{套管}(L_{钻铤} + L_{扶正器})}$
钻头+钻铤(1 根)+扶正器+钻铤(1 根)+扶正器+钻铤(若干)(双扶钻具)	$\dfrac{I_{钻铤}L_{钻铤} + I_{扶正器}L_{扶正器}}{I_{套管}(L_{钻铤} + L_{扶正器})}$
钻头+扶正器+钻铤(1 根)+扶正器+钻铤(1 根)+扶正器+钻铤(若干)(三扶钻具)	$\dfrac{2I_{钻铤}L_{钻铤} + 3I_{扶正器}L_{扶正器}}{I_{套管}(2L_{钻铤} + L_{扶正器})}$
钻头+钻铤(2 根)+扶正器+钻铤(若干)	$\dfrac{2I_{钻铤}L_{钻铤} + I_{扶正器}L_{扶正器}}{I_{套管}(L_{钻铤} + L_{扶正器})}$

通井钻具组合类型	刚度比 m
钻头+钻铤（2 根）+扶正器+钻铤（1 根）+扶正器+钻铤（若干）	$\dfrac{3I_{钻铤}L_{钻铤} + 2I_{扶正器}L_{扶正器}}{I_{套管}(3L_{钻铤} + L_{扶正器})}$
钻头+钻铤（3 根）+扶正器+钻铤（若干）	$\dfrac{3I_{钻铤}L_{钻铤} + I_{扶正器}L_{扶正器}}{I_{套管}(3L_{钻铤} + L_{扶正器})}$

根据不同的钻具组合，将相应的数据带入表 7.3 公式中，即可计算不同钻具组合的刚度比，计算结果见表 7.4。

表 7.4　不同通井钻具组合刚度模拟结果表

钻具组合	玛 7 井模拟结果
6½in 牙轮钻头（水眼 16×16×16）+ 4in 加重钻杆×1 根+161mm 扶正器+4in 加重钻杆×2 根+161mm 扶正器+4in 斜坡钻杆+4in 加重钻杆（直井段）×5 柱+4in 斜坡钻杆	1.07
6½in 牙轮钻头（水眼 16×16×16）+ 120mm 钻铤 1 根+150mm 扶正器+120mm 钻铤×2 根+150mm 扶正器+4in 加重钻杆×1 根+150mm 扶正器+4in 加重钻杆×2 根+4in 斜坡钻杆+4in 加重钻杆（直井段）×5 柱+4in 斜坡钻杆	1.44

7.2.2　现场通井和套管下入摩阻分析

由于摩阻系数的难确定，采用小于原钻井扶正器尺寸的套管滚轮扶正器，降低摩阻，即下入套管摩阻数据一定小于或等于钻具入井数据，只要能满足在等于钻具入井摩阻时，套管能够下入，并通过分析，计算模拟不同扶正器对套管下入摩阻的影响（图 7.4）。

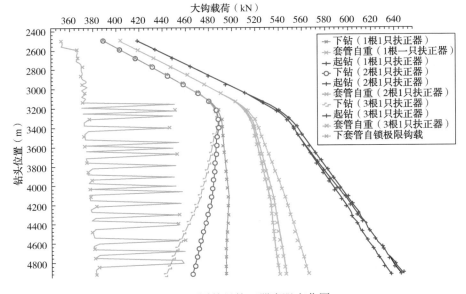

图 7.4　不同数量扶正器摩阻变化图

（1）分析条件。

实钻钻具组合：$\phi152.4mmPDC$ 钻头 + $\phi120mm$ 螺杆 + $\phi101.6mm$ 无磁承压钻杆 1 根 + $\phi101.6mm$ 加重钻杆 × 3 根 + $\phi101.6mm$ 斜坡钻杆 × 150 根 + $\phi101.6mm$ 加重钻杆 × 90 根 + $\phi101.6mm$ 斜坡钻杆，现场钻具悬重 85tf，钻具下放摩阻 7~8tf，反推钻具下放摩阻系数为 0.12，钻具上提摩阻 15~16tf，反推钻具上提摩阻系数为 0.19。

按实钻井眼轨迹，套管下放摩阻系数取 0.12~0.3，上提摩阻系数取 0.19~0.3。

（2）套管下入摩阻见表 7.5。

表 7.5　套管下入摩阻与钩载实测表

套管（mm）	井斜方位	下入摩阻（kN）	大钩载荷（kN）	摩阻系数
114.3	实测	72.56	469.07	0.12
114.3	实测	328.62	219.84	0.30

（3）套管上提摩阻见表 7.6。

表 7.6　套管上提摩阻与钩载实测表

套管（mm）	井斜方位	最大摩阻（kN）	最大钩载（kN）	摩阻系数
114.3	实测	133.6	673.4	0.19
114.3	实测	279.8	819.3	0.30

$\phi114.3mm$ 油层套管下入过程中摩阻与钩载变化及下入到位摩阻分布如图 7.5 和图 7.6 所示。不同数量扶正器时摩阻模拟数据如图 7.7 所示。

经现场验证套管下入实际摩阻与双扶通井摩阻相近（图 7.8 和图 7.9），玛 131 和玛 18 井区套管下入摩阻与三扶通井摩阻相当。

通过双扶正器和三扶正器通井大钩载荷变化，反推摩阻系数，模拟计算套管下入摩阻（表 7.7）。

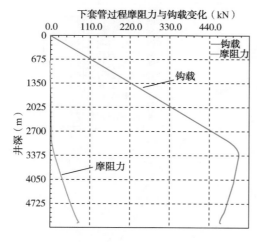

图 7.5　$\phi114.3mm$ 油层套管下入过程中摩阻与钩载变化图

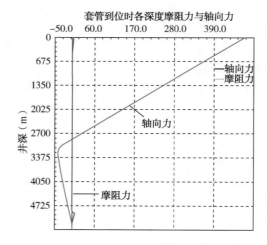

图 7.6　$\phi114.3mm$ 油层套管下入到位摩阻分布图

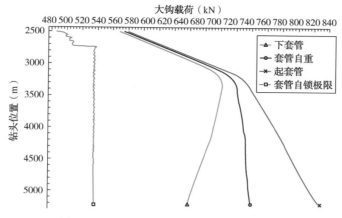

图 7.7　不同数量扶正器时摩阻模拟数据图

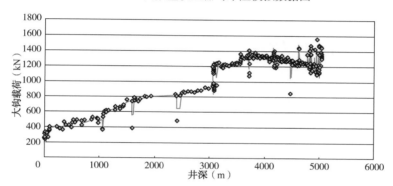

图 7.8　玛 8 井三扶正器通井大钩负荷图

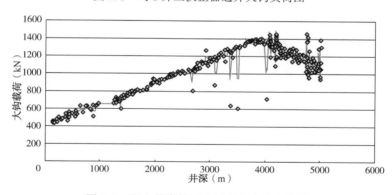

图 7.9　玛 9 井套管下入过程中大钩负荷图

表 7.7　不同区块反推摩阻系数表

通井钻具	反推摩阻系数			
	玛东 2 井区	风南 4 井区	玛 131 井区	玛 18 井区
双扶正器	0.19	0.19	0.24	0.24
三扶正器	0.3	0.23	0.28	0.31

第8章　固井水泥浆体系

水平井采用筛管或裸眼完井方式时存在水平段井壁稳定性差、压裂起裂孔道少、无水采油期短、裸眼完井后期改造措施少等问题。若水平井采用固井完井，可为后期增加储层改造措施，提高采收率等方面探索新途径。但是由于水平井固井时采用的进口水泥浆外加剂费用过高，制约了水平井固井工艺的发展。通过研制国产韧性水泥浆体系，使得固井外加剂费用降低2/3，有力地促进了水平井技术的发展。其研究成果在玛湖等区块顺利实施水平井固井质量合格率为94%，顺利完成了压裂施工作业。

8.1　韧性水泥石力学性能评价

8.1.1　水泥石性能评价

固井施工中水泥环损坏主要是由于某些原因在水泥石中形成许多初始缺陷，在射孔和压裂等作业中产生的冲击载荷作用下，初始缺陷的裂纹尖端处会形成高度的应力集中。依断裂力学理论，随着应力水平的发展，一旦断裂强度因子大于材料的断裂韧性，裂纹将迅速扩展，继而产生宏观的裂纹、裂缝，造成油气层段窜槽，给射孔后开发和改造油层挖掘潜力等增产措施带来极大困难。水泥环的损伤主要有以下三方面的原因：

（1）水泥环与套管的弹性和变形能力存在较大差异，当受到由射孔等产生的动态冲击载荷作用时发生扩张引起水泥环径向断裂；

（2）高能射孔产生的应力波相互作用、相互叠加，在水泥环中形成拉、压高应变区，由于水泥石材料的抗拉和抗压强度相差很大，造成水泥石的内部断裂；

（3）射孔和压裂等作业的冲击作用大于水泥石的破碎吸收能时，水泥环产生破碎。

根据断裂力学理论，对于不含裂纹的材料，可以把材料的极限强度作为抵抗断裂的能力；对于象水泥石这样本身含有微裂纹或缺陷的材料，引入断裂韧性这一概念，即在水泥石发生脆断的情况下，确实存在一个临界应力强度因子，它只与材料的属性有关，而与试件的几何形状、尺寸以及外部载荷形式无关。这个临界强度因子称为水泥石的断裂韧性，它是度量水泥石材料抵抗裂纹扩展能力的参数。因此，水泥石的脆性断裂准则是：

$$K_1 > K_{1C} \tag{8.1}$$

式中　K_1——应力强度因子，即推动裂纹扩展的力；

$\qquad K_{1C}$——材料的断裂韧性，提高水泥石的动态断裂韧性可增强水泥石抵抗裂纹发展的能力。

根据超混合材料原理及断裂力学理论，要改变水泥石的动态力学性能，增强水泥石抗冲击韧性，可以通过在水泥浆中添加适当的外加剂，如加入胶乳或者纤维材料。

增韧剂及其配套添加剂的选取主要从几方面进行：

（1）纤维种类、长度和加量的优选；

（2）加入胶乳，利用胶乳在水泥浆中能够填充以及成膜等特点，改善水泥石力学性能。

水泥石性能评价虽然没有一个统一的评价标准，但是目前基本上采取如下几种性能进行评价：抗压强度、抗折强度、动态弹性模量、泊松比、抗冲击功和射孔性能测试。

通过室内试验可以看到当油井在在经过多级大型压裂时，套管及水泥环受到来自井筒内的压力（图 8.1）。经过多次多级压裂后对此时水泥环及套管间进行微环隙检测，可以发现，常规水泥石由于为满足强度的要求，而未追求韧性的要求，在外界压力存在时会发生形变，尤其是在压力由零逐渐变大的前期变化尤为明显，当压力卸去，水泥环无法复原形成微环隙（图 8.2）。

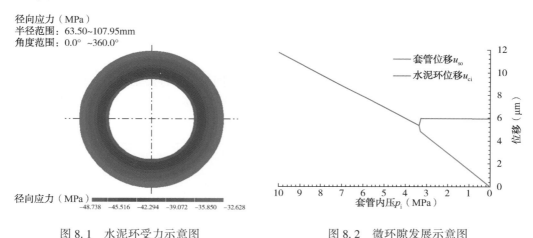

图 8.1　水泥环受力示意图　　　　图 8.2　微环隙发展示意图

8.1.2　压裂对水泥石性能影响

以下通过水泥石的几个基本性能参数来评价大型压裂对水泥石要求。

（1）水泥环厚度。

通过软件在小间隙固井临界水泥环厚度小于 19.05mm，即图 8.3 中虚线 a 的左侧，最大等效应力梯度急剧减小；水泥环厚度 19~25.4mm，即虚线 a 和 b（水泥环厚度 38.1mm）之间时，最大等效应力梯度变化依然很大；水泥环厚度 38.1~50.8mm，即虚线 b 和虚线 c（水泥环厚度 50.8mm）之间时，最大等效应力梯度的变化减小；水泥环厚度继续增大，即虚线 c 和虚线 d（水泥环厚度 76.2mm）之间以至虚线 d 右侧的部分，最大等效应力梯度明显趋缓直至几乎不变。

因此，水泥环厚度设计在 38.1~50.8mm 是较为合适的。当采用 ϕ152.4mm 井眼下入 ϕ114.3mm 套管，考虑井眼扩大率 10%，水泥环厚度 26.67mm 小于模拟值。所以为满足后期大型压裂，对水泥环其他性能要求较高。

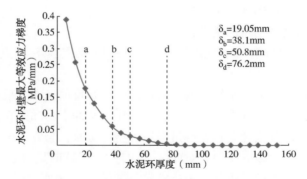

图 8.3　水泥环厚度与等效应力梯度曲线图

（2）弹性模量。

取 5~10GPa 不同弹性模量的 6 块水泥石，在相同情况下逐渐加压，可知当弹性模量小于 6GPa 时曲线消失，那就是说明弹性模量小于 6GPa，水泥环在加压时不会产生微裂缝，如图 8.4 所示。

（3）抗压强度。

取 12~22MPa 不同抗压强度的 6 块水泥石，在相同情况下逐渐加压，可知当抗压强度大于 18MPa 时曲线消失，那就是说明抗压强度大于 18MPa，水泥环在加压时不会产生微裂缝，如图 8.5 所示。

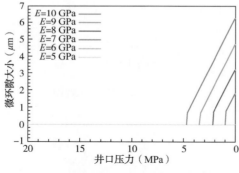

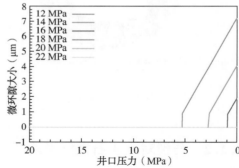

图 8.4　微环隙大小与水泥石弹性模量关系图　　图 8.5　微环隙大小与水泥石抗压强度关系图

通过以上几点，可知为满足水平井 80MPa 大型多级压裂，水泥环基本性能需满足弹性模量小于 6GPa、抗压强度大于 18MPa。

8.2　韧性水泥浆配套外加剂优选

8.2.1　弹性材料优选

（1）弹性材料的粒度分布。

漂珠作为减轻剂，因其价格低廉而受到广泛应用，但是受自身密度的限制而作为超低密度水泥浆减轻材料时需慎重考虑。目前美国 3M 公司生产的一种细小的 HGS 中空玻璃微球，按耐压程度分多个级别，其密度范围为 0.32~0.60g/cm³。其在一定情况下也具有一定的弹性。

① 国产漂珠。漂珠是磨细的煤粉在发电厂锅炉内燃烧时，其中的灰分熔融并在表面张力的作用下团缩而成的空心球体，具有质轻、密闭、粒细的特点。

漂珠外壳成分同高铝黏土相近，主要由硅铝玻璃体质组成，能与水泥水化产物$Ca(OH)_2$和矿物中的$CaSO_4$作用，生成具有胶凝特性的产物，从而有利于水泥石强度的发展和渗透率的降低。其内封闭大量的气体，使得漂珠具有其他减轻材料难以达到的低密度（$0.64 \sim 0.70g/cm^3$）。

由于漂珠大多是密闭的空心玻璃体，因此，只需要很少的水量即可润湿漂珠表面，从而配制出一般减轻剂难以实现的超低密度水泥浆，并使体系表现出相对更高的抗压强度。漂珠本身的低密度，是漂珠低密度水泥浆能在较低密下获得高于常规低密度水泥的抗压强度的主要原因。各地生产的漂珠，化学成分和物理性能基本相同，仅受煤种、煤粉的细度以及燃烧程度的影响略有差别，详见表8.1。

表 8.1 漂珠的化学性能和物理性能

性能		国产漂珠	Spherelite	Litefil
组分含量(%)	SiO_2	$55 \sim 59$	55	65
	Al_2O_3	$35 \sim 36$	29	35
	Fe_2O_3	$3 \sim 5$	5	4
	CaO	$1.5 \sim 3.6$	1.6	
	MgO	$0.8 \sim 4$		
粒径(μm)		$40 \sim 250$	$40 \sim 250$	$60 \sim 315$
壁厚(为占直径的百分数)(%)		$5 \sim 30$		
密度(g/cm³)		$0.5 \sim 0.7$	0.685	0.7
堆积密度(kg/m³)		$310 \sim 395$	370	400

② HGS 中空玻璃微球。HGS 中空玻璃微球是美国 3M 公司人工制造的空心微珠，是一种碱石灰硼硅酸玻璃，直径 $10 \sim 90\mu m$，壁厚 $2 \sim 3\mu m$，不溶于水和油，具有不可压缩性，呈低碱性，与大多数的体系兼容性好，有降低黏度和改善流动度的功能，其耐高温，化学稳定，破碎压力 $2000 \sim 18000psi$，拉伸强度、抗压强度、杨氏模量均优于漂珠。

从图8.6和图8.7中可知，国产微珠粒度分布范围较宽，大约 90% 为 $180\mu m$，颗粒较粗。人造中空玻璃微球粒度分布范围较窄，大约 90% 为 $90\mu m$，颗粒细分布均匀。

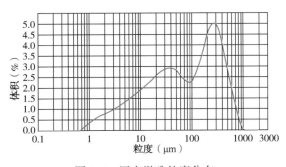

图 8.6　国产微珠粒度分布

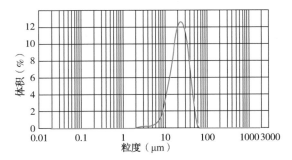

图 8.7　3M 公司微珠粒度分布

（2）弹性材料耐压性评价。

对不同减轻剂进行耐压试验。将混有减轻材料的水泥浆称量密度后装入稠化仪浆杯，在增压稠化仪上进行升温升压试验，恒压30min后卸机，将稠化仪浆杯中水泥浆分层倒出，分别测量其上、中、下密度，计算出水泥浆密度差，从而折算出浆体内减轻材料的耐压强度，见表8.2。

表8.2　减轻材料耐压性评价表

水泥浆密度（g/cm³）	减轻材料	耐压密度差（g/cm³）			耐压能力（MPa）
		40MPa	50MPa	60MPa	
1.50 配方	国产微珠	0.02	0.06	0.11	40
1.60 配方	国产微珠	0.01	0.03	0.08	50
1.30 配方	3M 微珠 HGS6000	0.01	0.03	0.06	50
1.50 配方	3M 微珠 HGS6000	0.00	0.02	0.05	50
1.50 配方	3M 微珠 HGS10000	0.00	0.01	0.01	60
1.40 配方	3M 微珠 HGS18000	0.00	0.00	0.02	60
1.50 配方	3M 微珠 HGS18000	0.00	0.00	0.01	60

通过试验可知微珠具有一定的抗压能力，但是其具有的抗压能力不能满足大型压裂80MPa的环境，且随着微珠使用量的加大，水泥浆的密度会相应地降低，无法满足高压区水平井固井压稳油层的要求。

8.2.2　韧性材料优选

水泥石的强度与韧性为相互对立的存在，目前新疆油田1.9g/cm³的常规水泥浆体系及胶乳水泥浆体系形成的水泥石，强度均能达到18MPa以上，但是韧性却远不能满足大型压裂对水泥石的性能要求。为了进一步提高水泥石的韧性，又不改变水泥浆密度及水泥石强度，通过室内实验，对以下三种材料进行了对比，见表8.3。

表8.3　不同韧性材料同加量下的脆性系数表

材料名称	24h 强度（MPa）		脆性系数
	抗压强度	抗折强度	
短纤维复合材料	14.21	3.22	4.41
JB-1	12.65	4.60	2.75
弹性颗粒	9.01	4.04	2.23

从表8.3可知相同加量条件下，三种韧性材料都能改善提高水泥石的韧性，但纤维复合材料由于纤维有一定长度，易堵塞管线，且脆性系数远高于其余两种材料。加入韧性材料的水泥石脆性系数均减小，抗冲击韧性相应增加，水泥石在射孔和下套管中等措施中被震裂的风险大幅降低。

8.2.3　降失水材料评价及优选

固井施工时，水泥浆在压力作用下经过高渗透地层时将发生"渗滤"。水泥浆滤液进入地层，其后果：一是使水泥浆失水，流动性变差，严重者可使施工失败；其二，滤液进入储层对储层形成不同程度的伤害。原浆的 API 滤失率通常超过 1500mL/30min。对于普通固井作业要求不超过 250mL/30min，水平井要求不超过 50mL/30min，所以降失水剂选用至关重要。

常见的降失水剂有微粒材料和水溶性高分子材料两类。选用 ST900L、D168 和胶乳作为水泥浆降失水剂。ST900L 和 D168 均为水溶性高分子聚合物类的降失水剂，ST900L 为国产降失水剂，D168 为进口降失水剂。当水泥浆运动的时候，ST900L 和 D168 主要通过包裹较小的颗粒和水分子起着降失水的作用；当水泥浆静止后，ST900L 和 D168 在水泥水化前期与水泥生成 $CaSO_4$ 和活性盐，$CaSO_4$ 和活性盐产生同离子效应和盐效应，改变水泥颗粒表面的吸附层，提高水化矿物的溶解度，使水泥浆的水化诱导期提前结束，加速水泥水化进程，温度越高，水化进程越快。

胶乳是一种聚合物悬浮胶粒体系，属于微粒类降失水剂，是直径 $200\sim500nm$ 的聚合物球形颗粒分散在黏稠的胶体体系中，再加入一定的表面活性剂以防止聚合物颗粒聚结而形成的。通常这种体系的固相含量为 $30\%\sim50\%$，乳液密度为 $1.02g/cm^3$。胶乳由于胶乳中胶粒的粒径比水泥颗粒粒径小得多，而且具有良好的弹性，在形成滤饼时，一部分胶粒桥塞充填于水泥颗粒间的空隙中，使滤饼渗透率降低。另外，部分胶粒在压差作用下在水泥颗粒间聚积成膜，覆盖在滤饼上进一步使其渗透率降低，起到降失水作用。

实践经验证明，当胶乳应用于油井水泥时，具有下列特性：

（1）能较好地粘结油润和水润界面；

（2）胶乳水泥弹性大减少了射孔或钻井过程中水泥环的破坏概率；

（3）增加了水泥石抗井内流体腐蚀的能力；

（4）由于聚合物增黏和堵孔作用，降低了水泥浆滤失量；

（5）降低了渗透性；

（6）提高防钻井液污染的能力；

（7）提高界面胶结质量。

从图 8.8 至图 8.10 可知，实验选用的三种类型的降失水剂均能将 API 失水量控制在 50mL/min 内，失水量与降失水剂加量具有良好的线性关系。

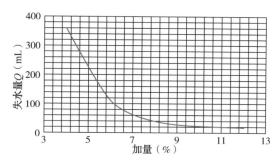

图 8.8　ST900L 加量与失水量关系图

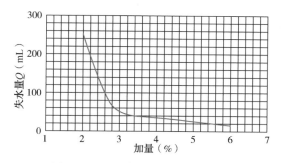

图 8.9　D168 加量与失水量关系图

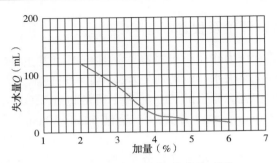

图 8.10　胶乳加量与失水量关系图

8.2.4　分散剂及稳定剂评价及优选

分散剂的加入可以削弱和拆散水泥颗粒之间的成团连接，释放自由水，改变水化产物性状，降低内摩擦阻力，破坏胶凝，降低塑性黏度。它可以提高水泥浆的可泵性，降低一定流速下的泵压，实现低排量下的紊流，提高对钻井液的顶替效率和固井质量，在不破坏水泥浆流变性的条件下，减少水的用量，配出较高密度的水泥浆，还可使稠化曲线趋于直角，提高水泥石强度和抗渗透能力。

分散剂 TX 与 SXY-2 与水泥浆有很好的配伍性，见表 8.4 和表 8.5。考虑到 SXY-2 价格便宜，性能稳定，具有抗高温的能力，建议选择 SXY-2。

表 8.4　水泥浆与分散剂的配伍性表

分散剂	加量（%）	流动度（cm）	初稠（Bc）	备注
SXY-2	0.5	25	24	红色固体粉末
TX	0.5	25	24	黑色固体粉末
CF	1.5	28	16	红色液体

表 8.5　减阻剂加量与水泥浆性能变化表

减阻剂加量（%）	Φ_{300}	Φ_{200}	Φ_{100}	Φ_6	Φ_3	μ_p/τ_0(Pa·s/Pa)	初切/终切（Pa）	初稠（Bc）
0.4	131	104	77	31	27	0.081/25.55	11/17	31
0.5	106	80	54	23	20	0.078/14.31	10/15	24
0.7	97	68	42	10	7	0.083/7.41	4/9	14
0.9	80	58	36	10	6	0.066/7.15	3/7	11
1.0	70	52	33	6	3	0.056/7.41	2/4	8

水平段水泥环的厚薄均匀程度直接关系到水泥环抗外界冲击能力的大小。水平井固井要保证封固水泥环的厚薄均匀，首先要保证套管居中，其次需要具有零游离液和良好沉降稳定性能的水泥浆体系。水泥浆的游离液和沉降稳定性是室内评价水平井固井水泥浆性能的两个关键指标。若水泥浆中有自由液析出，析出液会在水平段的顶部形成一条横向水槽，地层流体可能会通过这条流道发生渗窜；同样，固相沉降的存在会使水平段井筒上部水泥强度降低，造成胶结疏松甚至无胶结。若自由液和固相沉降伴随存在，不仅地层流体运移会发生，水平段地层的封固也可能会失效。室内对水平井固井水泥浆的研究，侧重于优化水泥浆体系

性能，以保证水泥浆零自由液和稳定性的实现。

稳定性是水泥浆重要性能指标之一。稳定性较差的水泥浆所形成的水泥柱其致密程度从上到下不均匀，而且胶结强度不断减弱。同时稳定性差的水泥浆，游离液一般较大，这同样会在水泥柱中形成油窜、气窜、水窜的通道，影响水泥环的封固质量。

水泥浆静止候凝过程中，要求浆体的固相颗粒不发生分层离析，以达到预期封固高度和封固质量。在超低密度水泥浆中，由于减轻剂本身具有很低的密度，其上浮趋势明显，水泥浆存在不稳定趋向。

在水泥浆的特性中，对稳定性起重要作用的水泥浆浆体的静切应力 τ_s 和塑性黏度 η_s，当 τ_s 和 η_s 匹配适当时，既能保证具有良好的流动性，满足施工要求，又保证浆体的稳定性。在图 8.11 所示水泥浆中，颗粒直径为 d 的减轻材料密度为 ρ_0，小于浆体密度 ρ_s，减轻材料的运动趋势是向上，欲使减轻剂不向上漂，则浆体稳定的最小静应力应满足：

$$F_f - (\tau + G) = 0 \tag{8.2}$$

即

$$\pi d^2 \tau_s = F_f - G \tag{8.3}$$

从而

$$\tau_s = gd(\rho_s - \rho_0)/6 \tag{8.4}$$

式中　F_f——减轻剂颗粒所受浮力，N；

　　　G——减轻剂颗粒重力，N；

　　　T——减轻剂颗粒表面所受切力，N；

　　　T_s——保持浆体稳定的最小静切应力，Pa；

　　　d——减轻剂颗粒的直径，m；

　　　ρ_s——加减轻剂前浆体的密度，kg/m³；

　　　ρ_0——减轻剂的密度，kg/m³；

　　　g——重力加速度，取 9.8m/s²。

可见，在浆体密度 ρ_s 一定时，减轻剂颗粒直径 d 越大，保持浆体稳定所需静切应力越大，减轻剂密度 ρ_0 越小，所需静切应力越大。因此减轻剂应尽量选择颗粒尺寸较小，密度与浆体密度接近的，更容易保证浆体的稳定。

另外，塑性黏度 η_s 对浆体稳定性的影响，遵循斯托克斯定律：

$$v = (\rho_s - \rho_0) gd^2/18\eta_s \tag{8.5}$$

式中　v——减轻剂上浮速率，m/s；

　　　η_s——浆体的塑性黏度，Pa·s。

减轻剂的上浮速率与颗粒直径 d 的平方成正比，与浆体的塑性黏度 η_s 成反比。因此选择减轻剂时，应尽可能选择颗粒较细的，这与静切力的影响因素得出的结论是一致的。另外，在满足施工对流动性的要求的前提下，可适当提高浆体的黏度，使减轻剂的上浮趋势降低，保持浆体的稳定。

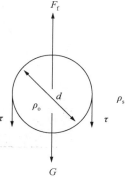

图 8.11　减轻材料在水泥浆中的受力分析

　　根据地质条件及井筒承压能力不同，密度范围涉及低密度、常规密度和高密度，若水泥浆体系浆体过稀，会发生减轻材料上浮或加重材料下沉；浆体过稠，会造成施工泵压增高，不利于现场施工，因此要对水泥浆的沉降稳定性进行研究。

　　研究设计的 4 种不同密度水泥浆柱上、中、下密度差不超过 0.02 g/cm³，并且浆体无自由水析出，沉降稳定性良好，体系均能满足游离液为 0mL，满足水平井固井要求（表 8.6）。

表 8.6　沉降稳定性研究数据表

密度（g/cm³）	温度（℃）	水泥浆柱各层密度（g/cm³）			游离液（mL）
		上层	中层	下层	
1.30	75	1.30	1.30	1.31	0
1.50	75	1.50	1.50	1.51	0
1.89	75	1.89	1.89	1.89	0
2.10	75	2.10	2.10	2.10	0

8.2.5　膨胀材料评价及优选

　　水泥浆的凝固过程是一个溶解、水化、结晶和硬化的过程。在该过程中，水泥浆体的网架结构及微孔隙形成不断变化，从而使水泥石的物理和机械性能发生变化。

　　水泥浆水化反应会使固相体积不断增大，液相不断减小，形成的体系结构，在再吸水的作用下，出现了许多超细的微孔隙结构，而宏观上表现为体积收缩。这是水泥浆的水化反应的固有特点。由于水泥浆水化导致的体积收缩会造成环空窜流，层间封隔失效。因此必须在水泥浆中加入弥补水泥水化过程中防止体积收缩的膨胀剂。膨胀剂能够提高水泥石的膨胀性能，使体系具有微膨胀性，有效闭合整个封固段包括水平段的环空微隙。

　　水平井固井由于存在窄边效应，所以对水泥浆的体积收缩控制，保证水泥环的封固质量，使水泥浆具有一定的膨胀能力是很有必要的。水泥浆膨胀测定仪如图 8.12 所示。

图 8.12　膨胀量测定仪

　　通过实验，得到表 8.7 的实验结果。在相同加量下，水泥石均比未加入膨胀剂体积有所增加，其中 D174 在相同加量下膨胀率最大，但考虑到 D174 为进口材料，从经济角度出发，优选 SUP 作为水泥浆体系的膨胀剂较为合适。

表 8.7 水泥浆膨胀率实验数据表

药品名称	加量	温度（℃）	L_2（环间距 2）（mm）	L_1（环间距 1）（mm）	膨胀率（％）
			17.77	17.77	0
SUP	2%膨胀剂	70	17.93	17.77	0.057
	3%膨胀剂		18.68	17.77	0.325
	5%膨胀剂		19.10	17.77	0.475
SNP	2%膨胀剂		17.79	17.77	0.007
	3%膨胀剂		18.22	17.77	0.161
	5%膨胀剂	70	19.00	17.77	0.439
D174	2%膨胀剂		18.76	17.77	0.354
	3%膨胀剂	70	19.29	17.77	0.548
	5%膨胀剂		19.66	17.77	0.677

8.2.6 早强剂的评价及优选

水泥浆密度低，势必需要大量的减轻剂和拌合水来降低密度，浆体密度越低，所需减轻剂和拌合水量越大，使水泥石抗压强度降低；井底温度低也会导致水泥石早期强度发挥缓慢，因此应优选低温下性能优良的早强剂提高体系的早期强度。选用了常用的几种低温早强剂 SW-1A、SWT、ZQ-1 和 CS-2 进行对比实验，见表 8.8。

表 8.8 早强剂优选表

名称	水泥浆配方	实验条件	强度（MPa）	
			24h	48h
SW-1A			9.3	15.4
SWT	G+微珠+微硅+早强剂	40℃/常压	8.6	13.7
ZQ-1			9.9	12.6
CS-2			7.5	11.8

加入早强剂 SW-1A，水泥石早期强度发挥快，有助于防气窜，阻止地层流体的侵入。

8.3 韧性水泥浆体系水泥石性能评价

通过室内对各种水泥浆外加剂优选评价，形成的水泥浆体系通过不同比例的复配后，形成了基本的韧性水泥浆体系，通过以下水泥浆及水泥石性能的评价最终形成适合长水平井固井的韧性水泥浆体系。

8.3.1 韧性水泥石抗冲击性能评价

水平井固完井后期实施射孔和压裂增产措施，水泥石要承受很大的瞬间外力作用。或者在后期开采中，地层变形会在水泥石上附加一定的压力，仅仅依靠提高水泥石强度无法满足上述情况下水泥石保持完整性，保持有效层间封隔的要求。水泥石韧性不满足要求，会产生

图 8.13　简支梁
抗冲击试验仪

微裂缝甚至碎裂，导致层间封隔失效，窜流发生。后期维护及补救需要花费大量人力物力，且很难得到理想的封隔的效果。

抗冲击性能是直观地利用简支梁摆锤试验仪测试水泥石块的抗冲击能力（图 8.13）。由一定质量的摆锤以一定高度自由释放，摆锤遇到水泥石块的瞬间会产生一个冲击力，使水泥石断裂，水泥石吸收掉的功会在表盘上直观地读出。利用该实验方法可以定量的测试出水泥石块的抗冲击功；另一种采用射钉枪模拟射孔的方法，射击水泥石块，可以通过水泥石的碎裂程度得到水泥石的抗冲击能力，该方法可以定性评价水泥石的抗冲击性能，测量结果见表 8.9。

加入增韧剂后的水泥石抗冲击功显著提高，韧性水泥浆能提高水泥石的抗冲击能力。图 8.14 从左做到右分别为加入 15%、5% 和 0% 增韧剂的韧性水泥石。可知钢钉穿过加入 15% 韧性水泥石的通道是一条完整且规则的通道，加入 5% 的韧性水泥石的通道不完整并开裂，没有加入韧性材料的水泥石经过射钉枪射孔，完全碎裂。韧性水泥石表现出柔性增大、刚性降低的特点。

表 8.9　韧性水泥石抗冲击性能表

项目	增韧剂加量（%）	抗冲击功（J）	单位面积抗冲击功（J/cm²）	单位面积抗冲击功增加量（%）
JB-1	0	0.55	1.53	—
	3	0.69	1.92	25.5
	5	0.77	2.14	39.9
弹性颗粒	3	0.65	1.81	18.3
	5	0.93	2.58	68.6
	10	1.16	3.22	110.5

图 8.14　不同加量射钉枪破碎示意图

8.3.2　韧性水泥石抗折强度和抗压强度评价

材料在外力作用下，未发生明显变形就突然破坏的性质称脆性，具有此性质的材料称脆性材料。材料在冲击、振动作用下产生较大变形尚不致破坏的性质称为韧性，具有此性质的材料称为韧性材料。水泥石属于脆性材料，通过在水泥浆中添加韧性材料改变水泥石内部结构，使水泥石具备一定的韧性。其评价方法除了采用抗冲击功评价，抗折强度评价也是一种常用的方法之一。

抗折强度通常采用简支梁法进行测定（图 8.15），即采用抗折强度试验仪测试水泥石块被剪断前承受的最大力，换算成抗折强度，测量结果见表 8.10。

图 8.15　水泥石抗折试验仪

表 8.10　韧性水泥石抗折强度和抗压强度性能表

项目	温度（℃）	密度（g/cm³）	抗压强度（MPa）	抗折强度（MPa）
国产配方	80	1.50	16.5	5.2
	80	1.90	19.5	6.3
国外配方	80	1.50	15.6	7.6
	80	1.90	18.1	12.6

8.3.3　水泥浆胶结强度评价

固井注完水泥后，地层与水泥环，套管与水泥环这两个界面的胶结质量是影响油井使用寿命的关键因素。固井二界面胶结良好有利于在后续增产过程中可以采用更为多样化的措施，从而延长油井的开采年限。而固井二界面胶结质量差会使得界面的封固系统失效，引发严重的环空窜流问题。

地层与水泥环的胶结强度受到注水泥封固地层条件、钻井液类型和钻井液在地层形成的滤饼情况和水泥浆自身性能等因素影响。水泥浆的密度、滤失性能以及水泥浆硬化过程中的体积收缩特性会极大影响界面胶结质量，该性能可用胶结强度来评价。

提高水泥浆胶结强度可采用水泥浆中加入韧性或弹性材料，改变水泥石的弹性变形能力，控制体系在硬化过程中体积收缩程度的方法提高界面胶结强度，从而达到提高固井质量，保证层间封隔效果及延长油井使用的目的。

从表 8.11 实验结果可以得出，增韧材料加入后能够明显提高水泥石的界面胶结强度。

表 8.11　水泥浆胶结强度实验数据表

项目	国产配方（JB-1）				国外配方（弹性颗粒）			
增韧材料加量（%）	0	2	3	5	0	2	3	5
胶结强度（MPa）	1.15	1.60	1.75	1.92	1.17	1.64	1.77	1.98
强度提高（%）	0	39.1	52.2	67	0	40.1	51.2	69.2

注：养护时间 24h。

8.3.4 韧性水泥石与地层岩石弹性模量和泊松比评价

固井完成后，水泥环要承受地层蠕变引起的外力，射孔及后期压裂增产措施等作业，水泥环在上述情况下可能产生微环空、微裂缝甚至碎裂的风险。有研究指出，若要增强水泥石抵抗裂纹发展的能力，就要设法提高水泥石的动态断裂韧性；水泥石须具有膨胀性，并且水泥石杨氏模量必须小于地层杨氏模量。表 8.12 为几种材料的杨氏模量参考表。

表 8.12　几种材料的杨氏模量参考表

材料	密度（g/cm³）	杨氏模量（MPa）	泊松比
钢制套管	7.8	200000	0.27
页岩	1.8	30984	0.35
砂岩	2.28	24062	0.25
水泥	1.89	11000	0.17

表 8.13　韧性水泥石弹模量检测表

水泥浆密度（g/cm³）	实验条件	增韧剂含量（%）	弹性模量（MPa）	泊松比
进口 1.60		30	2201.3	0.198
国产 1.60		5	5184.7	0.181
进口 1.80		14	2781.0	0.196
国产 1.80	常温/围压 5MPa	5	5439.2	0.183
进口 1.90		10	3513.0	0.194
国产 1.90		5	5734.7	0.188
国产 1.90		4	5968.3	0.189

从表 8.13 中可知，不同增韧材料随着加量的增加，水泥石弹性模量逐步降低。对比表 8.12 和表 8.13，加入增韧材料后，采用国产或进口外加剂的增韧水泥浆体系杨氏模量均小于地层杨氏模量，满足要求，韧性水泥石围压下弹性模量为 5.9GPa。

8.3.5 韧性水泥浆防窜性能评价

气窜是一个很复杂的问题，它与液体的密度控制、钻井液的驱替效率、水泥浆的性能好坏、封固段的地层类型以及固井技术的好坏等因素有关。大量研究表明，气窜机理可从三个方面来解释：第一，由于钻井液顶替效率不高和水泥浆体积收缩导致套管与水泥及套管与井壁之间形成的微间隙，为天然气窜提供有利的通道。第二，水泥浆在凝结过程中，其内部结构力不断增强，与井壁和套管的连接力（胶凝强度）不断增加，水泥环重量逐步悬挂在套管和井壁上，导致水泥浆失重。当作用于井眼环空内的浆柱（钻井液和水泥浆）压力逐渐降到低于天然气层压力时，天然气就会侵入环空，造成油气水窜流。第三，在水泥浆凝固期间，由于水泥浆中的孔隙水随着水化和滤失而不断减少，使水泥浆中的孔隙压力不断降低，当地层气体压力大于孔隙压力时，气体就窜入水泥浆内，在水泥浆内部形成通道。综合以上三个方面可知，造成油窜、气窜、水窜的主要因素都和水泥浆失重有关。

（1）水泥浆沉降失重。

水泥浆沉降失重机理认为，水泥浆失重是由于水泥浆体系稳定性差、水泥颗粒大量沉降所致，并用无胶凝作用砂浆的失重实验进行了例证。该机理可比较合理的解释由于水泥浆体系稳定性差、上下分层或自由水窜通而导致的水泥浆失重，但由于建立在实验现象观察和实验现象解释基础之上，亦无具有明确意义的水泥浆失重物理模型和数学模型。

同时，该机理建立于极端情况基础之上，即水泥浆体系严重失稳、水泥颗粒大量沉降，但是在一般情况下，由于降失水剂的大量运用，大多数水泥浆体系是稳定或比较稳定的，不存在体系严重失稳、水泥颗粒大量沉降的问题，因此，该机理不具备普遍性和代表性，不能解释大多数水泥浆在凝结过程中的失重现象。尽管该机理存在一定的极端性和片面性，但水泥浆体系稳定至关重要。水泥浆体系稳定是获得优良固井质量的必要条件。

（2）水泥浆体积收缩失重。

水泥浆体积收缩失重机理认为，在水泥浆凝结过程中，水泥浆柱、井壁、套管外表面构成封闭的液压体系，并根据封闭液压体系中液相体积收缩导致体系压力降低的原理，得出水泥浆失水、水化体积收缩导致水泥浆有效浆柱压力下降的结论，并用以解释水泥浆在凝结过程中的失重现象。

该机理的物理模型为封闭液压体系，由于体系内液相体积发生变化而导致体系压力变化，其数学模型的内核为：

$$\Delta p = \frac{\Delta V}{VC} \tag{8.6}$$

式中　Δp——压力变化；

　　　ΔV——体积变化；

　　　V——总容积；

　　　C——压缩系数。

（3）水泥浆胶凝悬挂失重。

水泥浆胶凝悬挂失重机理认为，水泥浆顶替就位后，会在其内部迅速形成一种具有一定强度、与地层和套管表面搭接的空间网架结构。同时，由于水泥浆失水和水化体积收缩，水泥浆柱在自身重量和上部浆柱压力的作用下有向下回落的趋势，二者联合作用，形成水泥浆整体胶凝悬挂失重效应，使部分水泥浆柱重量被悬挂在地层和套管表面上，致使水泥浆有效浆柱压力降低、水泥浆发生失重。水泥浆胶凝强度越大，网架结构的悬挂能力越强，被悬挂的水泥浆柱重量越多，水泥浆有效浆柱压力越低，因此，随水泥浆凝结过程的进行、随水泥浆胶凝强度的增加，水泥浆有效浆柱压力不断降低。目前，该机理已为国内外固井界普遍接受。

该机理用水泥浆胶凝强度及其发展变化来刻画、描述水泥浆凝结的进程和过程，并通过水泥浆胶凝强度与水泥浆有效浆柱压力之间的变化关系来反映和研究水泥浆的失重机理，因为不论水泥浆体系的组分、养护温度、养护压力如何，归根到底，都是通过影响水泥浆胶凝强度的发展变化而影响水泥浆在凝结过程中的失重的。胶凝强度的发展变化已经包含了如温度、压力、体系和凝结时间等因素对水泥浆凝结过程的影响，胶凝强度发展变化对水泥浆失重的影响已经包含了体系组分、养护温度、养护压力、凝结时间等因素对水泥浆失重的影响。

（4）水泥浆静胶凝强度评价。

利用水泥浆静胶凝强度分析仪测试，通过评价水泥浆由液态到固态过程中，水泥浆静胶凝强度由 48Pa 到 240Pa 的过渡时间。水泥浆静胶凝强度发展度过该区间的速度越快，水泥浆发生窜流的风险越低。该评价方法能够考察水泥浆放窜性能，是目前被广泛认可的一种水泥浆防窜性能评价方法。

通过图 8.16 至图 8.19 及表 8.14 得出，不同韧性水泥浆体系静胶凝强度由 48Pa 到 240Pa 发挥时间均不大于 5min，体系防气窜性能好。

表 8.14 韧性水泥浆在 60℃条件下不同密度静胶凝评价标

密度（g/cm³）	静胶凝时间（min）		过渡时间（min）
	48Pa	240Pa	
国产 1.50	224	228	4
进口 1.50	247	252	5
国产 1.90	198	201	3
进口 1.90	212	217	5

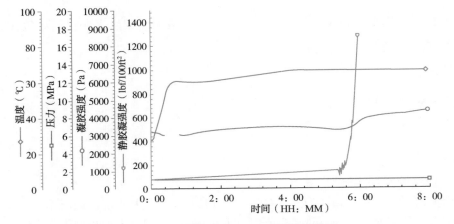

图 8.16 国产密度 1.50g/cm³ 静胶凝曲线

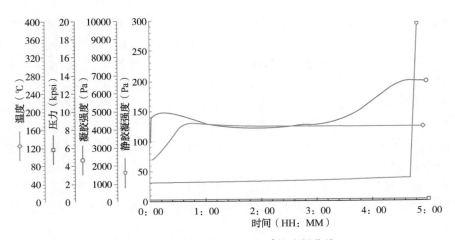

图 8.17 国外密度 1.50g/cm³ 静胶凝曲线

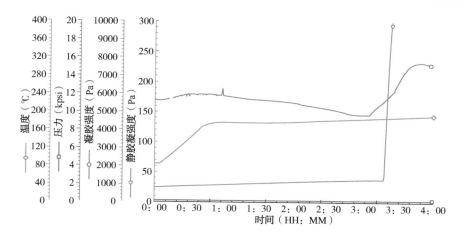

图 8.18　国产密度 1.90g/cm³ 静胶凝曲线

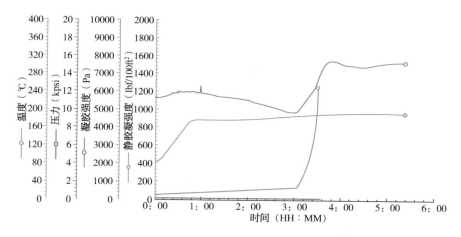

图 8.19　进口密度 1.90g/cm³ 静胶凝曲线

通过颗粒级配及复配技术对优选后的水泥浆外加剂进行实验，形成韧性水泥浆体系配方：G 级+7%D181+4%WG+4%SW−1A+2%KQ−C+4%SUP+2%ST300C+6%ST900L+1%SXY−2+0.1% ST500L ＋ 0.7%ST200R+44%H2O+0.5%DL−500。

密度 1.8~1.9g/cm³，初始稠度 17Bc，稠化时间 315min，24h 强度 19.5MPa，滤失量 28mL，游离液 0%，弹性模量 5.9GPa。体系性能大于水泥石强度及弹性模量与微裂缝关系中的 24h 强度 18MPa、弹性模量 6GPa 的需求。

8.4　长水平段固井前置液评价

在注水泥和替钻井液的过程中，环空井壁与套管壁上的虚滤饼和钻井液能否有效地被清洗及顶替干净是注水泥作业成功的主要关键，否则不能有效地封隔油层、气层、水层，影响油气的正常生产。因此，清除井壁与套管壁上的虚滤饼、提高顶替效率是获得固井界面胶结质量好的水泥环和层间有效封隔的关键所在。

由于在固井施工作业过程中，清除虚滤饼、提高顶替效率的影响因素较多，如性能不佳的钻井液、极不规则的井径和套管不居中而带来的窄边顶替困难以及井下条件复杂等客观因素。而主要因素是绝大多数钻井液，不论是水基钻井液还是油基钻井液或其他类型的钻井液与水泥浆都是不相容的。在固井施工中，如果水泥浆与钻井液直接接触，钻井液将发生水泥侵，水泥浆将受到钻井液的污染而产生黏稠团块状絮凝物质，不但难以顶替，影响顶替效率，造成水泥浆窜槽，影响封固质量，严重时还会造成憋堵而压漏地层或"灌香肠"等固井事故。

在钻井液与水泥浆之间注入一段"特殊"液体——前置隔离液，已经成为提高顶替效率和固井界面胶结质量的重要手段。国内外各大油田早已开发研制出适用于各类井的多种隔离液。就隔离液而言，应具有紊流冲刷效能，不仅能以平面驱替钻井液，而且还能抑制钻井液偏流，产生高径向速度，进一步提高对管壁和井壁的冲蚀；具有一定的密度调节范围，能方便地调节密度与钻井液和水泥浆保持适度密度差；与钻井液和水泥浆具备良好的相容性；具有接近牛顿流体的特性，其塑性黏度、屈服值或流型指数和稠度系数值均能满足以较低临界速度而达到紊流，起到隔离和引导、增进水泥浆的紊流效果，提高顶替效率，对套管无腐蚀作用。

前置液应具有较低的黏度，以便于在低环空返速下实现紊流顶替。前置液在隔离钻井液和水泥浆的同时，可通过其在环空中的横向剧烈扰动作用，对井壁附近残余的钻井液施加拖曳效应，从而实现辅助提高顶替效率的目的，此外，还应该具有如下性能：

（1）具有紊流冲刷效能；

（2）具有接近牛顿流体的特性；

（3）应能悬浮加重剂且携带固体颗粒；

（4）密度可以调节。

在有些井的钻井过程中，为顺利钻达设计井深和顺利下套管，在钻井液中往往要加入原油或其他润滑剂，使固井前井壁和套管壁上黏附有一层油浆或油膜，它将导致水泥环界面胶结性能变差。室内试验表明，该情况下水泥石的界面胶结强度近似为零，严重地影响固井质量。因此，注水泥前必须采用合理的前置液，乳化、冲洗和携带黏附在井下环空界面上的油浆或油膜，并改善井壁和管壁的亲水性。

8.4.1　前置液的组成及作用

前置液一般由两部分构成，即冲洗液和隔离液。

冲洗液主要组成是水+悬浮剂+复合表面活性剂 A+调节剂，隔离液基液主要组成是水+悬浮稳定剂+复合表面活性剂 B。

冲洗液中的悬浮剂是一种高分子材料，它具有一定的固相悬浮能力，防止钻井液固体颗粒及冲蚀下来的滤饼沉降和堆积。复合表面活性剂 A 是多种非离子型表面活性剂复配而成，主剂是聚氧丙烯—聚氧乙烯醚类活性剂，是一种反向乳化剂，使 W/O 乳状液发生变形、反相，由亲油性变为亲水性。调节剂为一种惰性固体粒子，增强冲刷效果，并对井壁和套管壁有辅助除油效果。

隔离液中的悬浮稳定剂也是高分子材料，具有悬浮加重剂和固相颗粒的作用，抑制固相颗粒沉降并使隔离液有一定的黏度，有助于顶替钻井液。复合表面活性剂 B 与 A 的材料一致，只是配比不同。

8.4.2　前置液的作用机理

（1）破乳作用。

油包水钻井液主要是由柴油、乳化剂、沥青及有机土等组成，乳化剂使亲水性黏土变成亲油性有机黏土，这样有机黏土分散在油中，起固体乳化剂作用，使体系形成一种 W/O 型乳状液。复合表面活性剂能改变油基钻井液中乳化剂极性，产生破乳作用，使井壁和套管壁油湿变为水湿。复合表面活性剂具有较高的活性，能渗入油—水界面的天然乳化剂保护膜，顶替出原界面膜中的天然乳化剂分子，构成新的易破裂的界面膜，在反向过程中乳化膜破裂，使 W/O 型反向成 O/W 型。

（2）增溶作用。

复合表面活性剂由多种非离子型表面活性剂复配而成，非离子型表面活性剂分子具有两亲性，亲油基易于定向吸附于油包水钻井液的油相上，定向吸附并排列于表面，而亲水基伸向水相，使两个界面充分润湿，降低了界面张力，再加上分散、乳化、增溶等一系列物理、化学效应，使套管和井壁上的油污被逐渐剥离，再配合紊流冲洗，便能清除油污，改善界面胶结。

（3）渗透作用。

复合表面活性剂有较强的表面活性，易于分散在整个油相中，并能渗入到乳化剂的保护膜，并使保护膜脆弱变皱，从而导致破裂。含有复合表面活性剂的冲洗液在紊流接触时间内冲刷井壁并不断的向滤饼渗透，降低黏土颗粒间的连接力，使滤饼变得疏松和易于剥落，剥落的滤饼在高速冲刷和悬浮作用下被携带出井筒。

8.4.3　前置液的室内研究及评价

（1）QZ-1 前置液的配方及主要性能评价。

从表 8.15 可知，该冲洗液具有较低的密度和接近牛顿流体的黏度，对井壁疏松滤饼有一定的浸透能力，使黏土粒子相互之间的联结力降低，易于冲洗剥落。冲洗液能够有效地冲刷粘在井壁和套管壁上的钻井液和疏松滤饼，提高水泥浆与套管界面的胶结强度。调节剂在高速冲刷井壁和套管壁过程中，固体粒子在高速运动下增强冲刷效果，并可以稳定井壁，使之不发生造浆作用，又不致于垮塌。钻井液因稀释而改善了它的流动性能，易于被顶替。

表 8.15　前置液的冲洗液性能表

清洗液配方	水+7%悬浮剂+25%复合表面活性剂 A+15%调节剂					
项目	密度（g/cm³）	FV（s）	AV（mPa·s）	PV（mPa·s）	YP（MPa）	Q_{30min}（mL）
冷浆热浆 60℃	1.01	28	11	10	1	—
	1.01	18	4	4	0	—

QZ-1 型前置液，密度在 1.00~1.80g/cm³ 之间任意可调，对钻井液有一定的浮力效应，依靠悬浮在液体中的固体颗粒运动方向的变化冲蚀环空两侧壁面，清除胶凝钻井液和滤饼，并产生携带作用，以加强顶替效果。加重后失水较低，低失水量可以控制井壁坍塌和减少对地层的伤害。表 8.16 为前置液的隔离性能表

表 8.16　前置液的隔离性能表

隔离液配方		水+10%悬浮稳定剂+20%复合表面活性剂 B					
性能		密度(g/cm³)	FV(s)	AV(mPa·s)	PV(mPa·s)	YP(mPa)	Q_{30min}(mL)
加重前	冷浆	1.01	36	20.5	15	4.5	—
	热浆 60℃	1.01	30	18	10	3	—
加重后	冷浆	1.80	51	47	11	36	12
	热浆 60℃	1.80	58	65	40	25	22

（2）QZ-1 前置液界面胶结性能评价。

为了评价油膜被冲洗后水泥环的界面胶结情况，进行了界面胶结现象和界面胶结强度试验。

界面胶结现象试验方法是将油基钻井液做完 API 滤失实验后的滤饼固定在旋转黏度计的外筒上，在浆杯中装满冲洗液以 300r/min 转速旋转 10min 后，取下滤饼粘贴在圆模的内壁面上，最后在圆模内注入固井用水泥浆，在 72℃下养护 24h，观察水泥石与滤饼的粘结程度。

界面胶结强度试验方法是将圆模在油基钻井液中浸泡 1h，然后在高效前置液中晃动10min，保证有足够的接触时间，最后在圆模内注入固井用水泥浆，在 72℃下养护 48h，在压力机上测定其剪切胶结强度。

由表 8.17 和表 8.18 可知，所研制的高效前置液除油效果明显，具有良好的冲刷效果和悬浮能力，有助于提高环空顶替效率，改善了油基钻井液体系固井的界面胶结情况，确保了固井质量。

表 8.17　水泥石界面胶结现象评价

条件(72℃, 0.1MPa 养护 24h)	界面胶结现象	条件(72℃, 0.1MPa 养护 24h)	界面胶结现象
未冲洗滤饼与圆模	互相分离不粘结	冲洗液冲洗滤饼与圆模	粘结紧密

表 8.18　水泥石界面剪切胶结强度值统计表

条件(72℃, 0.1MPa 养护)	界面胶结强度(MPa)	条件(72℃, 0.1MPa 养护)	界面胶结强度(MPa)
粘油未冲洗圆模	0	用隔离液冲洗圆模	1.3
用冲洗液冲洗圆模	1.8	先用冲洗液后用隔离液冲洗圆模	2.7

（3）QZ-1 前置液与钻井液及水泥浆相容性试验

顶替效率不高、钻井液窜槽是环空密封不严、形成环空窜流的重要原因。前置液在注水泥过程可起到顶替钻井液、冲洗井壁滤饼、隔离钻井液和水泥浆的重要作用。前置液的合理使用可大幅度提高顶替效率，从而为提高固井质量、防止环空窜流奠定坚实的基础。但是由于在组分及性能方面的差异，钻井液、水泥浆、前置液一旦相互接触、混浆，即有可能发生物理化学变化，出现稠化、闪凝或絮凝现象，大幅度降低顶替效率，甚至由于环空流动压耗的大幅度上升而憋漏地层，造成注水泥循环漏失，或由于混浆段闪凝而造成实心套管事故，国内外大量的固井实践都已经予以充分的证实。因此，在进行前置液配方及性能设计时，必须通过混浆流变或稠化实验，保证它与钻井液、水泥浆不论在地面还是在井下都能良好地相容。

从表 8.19 中的数据可知，如果二者直接接触混浆，尽管混合物在高剪切速率下的流变数据变化不大，但在低剪切速率下则明显上升，说明二者不能良好相容，存在一定的混浆稠化趋势。当水泥浆和钻井液相混比例为 1∶1 时情况最差时，浆体表现较稠，有一定的絮凝。因此，需在水泥浆与钻井液之间注入一定的隔离液来减少两种浆体的絮凝，并且起到较好的清洗作用。

表 8.19　水泥浆与钻井液相容后流变性试验表

水泥浆∶钻井液	$\varPhi_{600}$	$\varPhi_{300}$	$\varPhi_{200}$	$\varPhi_{100}$	$\varPhi_6$	$\varPhi_3$
100∶0	185	112	86	55	22	23
95∶5	191	126	114	94	75	67
75∶25	131	82	72	56	47	45
50∶50	154	106	95	84	111	114
25∶75	176	130	106	95	71	70
5∶95	173	127	111	91	57	57
0∶100	90	62	50	35	10	11

从表 8.20 中的数据可知，不论钻井液和前置液以何种比例掺混，也不论是在高剪切速率范围内还是低剪切速率范围内，其混合物都表现出良好的低流变特性，不存在混浆稠化、絮凝或闪凝的现象，说明所设计前置液能与钻井液良好相容。

表 8.20　钻井液与隔离液相容后流变性试验

钻井液∶隔离液	$\varPhi_{600}$	$\varPhi_{300}$	$\varPhi_{200}$	$\varPhi_{100}$	$\varPhi_6$	$\varPhi_3$
100∶0	90	62	50	35	10	11
95∶5	74	52	40	29	18	17
75∶25	60	44	32	24	20	18
50∶50	45	30	21	19	14	13
25∶75	32	20	16	14	8	6
5∶95	20	16	11	9	6	5
0∶100	10	8	7	4	2	1

从表 8.21 可知，高效前置液与油基钻井液和水泥浆有良好的相容性，对稠化时间不产生过大影响，同时试验过程中可知，由于对钻井液的稀释和冲洗作用，减少了水泥浆的窜槽机会，可极大地改善与套管和地层的胶结，并且水泥浆被分散，也增进了它的紊流效果，提高了顶替效率。

表 8.21　混浆相容性试验表

混合流体	体积比	稠化时间（min）
冲洗液∶油基钻井液	50∶50	>240
冲洗液∶水泥浆	50∶50	>240
隔离液∶油基钻井液	25∶75	>240
	50∶50	>240
	75∶25	>240

混合流体	体积比	稠化时间（min）
隔离液∶水泥浆	25∶75	>240
	50∶50	>240
	75∶25	>240
油基钻井液∶隔离液∶水泥浆	25∶50∶25	>240

根据施工现场及模拟计算出来的紊流顶替排量实际只能部分达到紊流，而要达到全环空都为紊流的排量，有时受到现场条件的限制（清水顶替带来的高施工压力、水泥车替的排量）是不可能达到的。这就意味着必须使用流变性能优良的流体达到紊流，且能在某点持续一段时间（一般要求不短于 7min），即紊流接触时间。这也是冲洗液和隔离液体积设计的依据。

QZ-1 型前置液，密度在 1.00~1.80g/cm³ 之间任意可调，稳定性良好（24h 沉降稳定性≤0.02g/cm³），具有化学冲洗、稀释钻井液和隔离钻井液与水泥浆的双重作用。其中的表面活性剂不仅对界面上的油膜能产生较强的渗透力，而且能改善滤饼和套管壁面的润湿性，降低表面张力，增加界面胶结程度；高分子聚合物提高流体拖曳力，能够有效地清洗冲刷滤饼和油质。前置液与钻井液、水泥浆的良好配伍性起到了隔离液的作用，并解决了冲洗液与含油钻井液的配伍性问题。表 8.22 为 QZ-1 型前置液的冲洗性能表。

表 8.22　QZ-1 型前置液的冲洗性能表

流体名称	密度（g/cm³）	流变仪参数						塑性黏度（mPa·s）	动切力（Pa）	n	$K(Pa \cdot s^n)$	紊流临界返速（m/s）
		Φ_{600}	Φ_{300}	Φ_{200}	Φ_{100}	Φ_6	Φ_3					
前置液	1.0	28	18	10	5	2	1	0.001	0.4088	0.637	0.0173	0.171
水泥浆	1.2	166	88	62	38	10	9	0.075	39.858	0.764	0.32	1.56
混浆	1.17	72	49	38	28	19	18	0.0315	54.355	0.51	1.045	1.8

注：（1）混浆组成：QZ-1 型前置液+超低密度水泥浆+钻井液，比例是 1∶1∶1。
　　（2）其中钻井液为混入 8%~12%原油的聚磺体系钻井液。

8.5　提高水泥浆顶替效率设计

8.5.1　套管居中情况与顶替效率

模拟套管居中时，实测得到的顶替效率结果见表 8.23，可知：

（1）套管居中时，不论是层流顶替、塞流顶替还是紊流顶替，水泥浆对钻井液的顶替效率都比较高，都在 90%以上，其中塞流顶替最好，紊流顶替次之，层流顶替最差；

（2）套管居中时，顶替效率与顶替液、被顶替液之间流变性差异的关系不大，不受顶替液与被顶替液之间密度差、黏度差、切力差的显著影响。

套管居中时，水泥浆顶替泥浆效率好的原因，除了在各环空间隙处钻井液、水泥浆的流动阻力都各自相等外，水泥浆与钻井液在环行截面各位置以同一流速均匀流动是另一重要原因。这两个条件保证了钻井液、水泥浆及其界面的均匀推进，从而保证了水泥浆对钻井液的有效顶替。

表 8.23　套管居中时水泥浆顶替效率的影响表

流态	实验次数	水泥浆与钻井液性能差			返回速度（m/s）	水泥浆雷诺数 Re	η_{cp}（%）
		密度差 $\Delta\rho$（g/cm³）	动切力差 $\Delta\tau_0$（Pa）	塑性黏度差 $\Delta\eta_p$（mPa·s）			
塞流	4	0.2~0.66	-3~11	0.9~1.4	0.1~0.25	40~80	98.8
紊流	4	0.2~0.6	-10~20	-1.3~1	0.7~1.1	2200~10000	94
层流	10	0.2~0.6	-3~10	-0.5~3	0.2~0.6	600~1000	92
总计	18						94

8.5.2　套管偏心情况与顶替效率

从前面的实验结果可知，在套管居中的情况下，不论顶替流速、流态如何，也不论顶替液和被顶替液之间的密度差、黏度差、切力差如何，均可得到较高的顶替效率，但是在实际固井施工作业过程中，由于多方面的原因，套管是不可能完全居中的，总存在一定的偏心度，因此，研究套管不居中情况下的顶替效率，不仅必要，而且对提高顶替效率、防止钻井液窜槽具有重要意义。

图 8.20、图 8.21 和图 8.22 分别为不同套管偏心度（e）情况下，用激光测速仪测得的流体在环空宽间隙（y_{max}）和环空窄间隙（y_{min}）处的速度剖面。其中，点线为实测的速度剖面；平实线为平均速度剖面；实曲线为理论速度剖面。液体的流性指数 $n=0.62$，流量约为 1L/s。

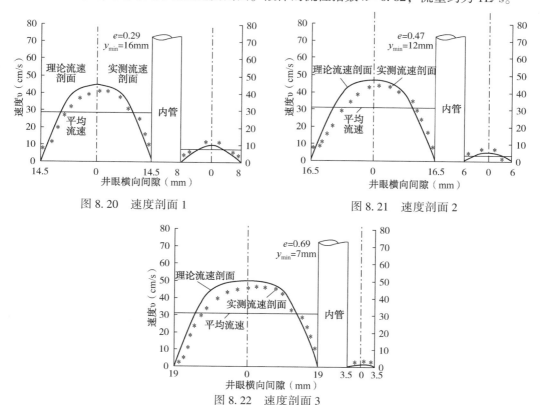

图 8.20　速度剖面 1　　　　图 8.21　速度剖面 2

图 8.22　速度剖面 3

根据图 8.20 至图 8.22 中的实验数据可知：

（1）由于模拟套管偏心，流体在环空宽间隙处的流速明显高于流体在窄间隙处的流速；

（2）随着模拟套管偏心度的增加，环空宽间隙处的流体流速基本不变，但环空窄间隙处的流体流速越来越小，环空宽、窄间隙处的流体流速差异越大；

（3）当窄间隙的宽度小至 7mm 时，其流体流速几乎接近于零，从而在环空中形成钻井液滞留区，形成钻井液窜槽，直接导致水泥环层间封隔失败。

表 8.24 展示了在不同套管偏心度、不同流体动塑比条件下，流体在环空宽窄间隙处的流速比。

表 8.24　宽间隙与窄间隙的平均流速比对比表

宽间隙 y_{max}(mm)	窄间隙 y_{min}(mm)	间隙宽窄比	偏心度(%)	不同流体的动塑比对应的流速比		
				$568s^{-1}$	$441s^{-1}$	$179s^{-1}$
38	7	5.43	69	62.9	59.3	34.7
33	12	2.75	47	14.9	10.6	8.6
29	16	1.81	29	5.0	4.7	3.3

随着套管偏心度及流体动塑比的增加，环空宽窄间隙处的流速比迅速上升，从而使顶替液与被顶替液之间的顶替界面发生严重变形、失稳，导致宽间隙处的顶替液出现严重的舌进现象。

一但宽间隙处的顶替液舌进到一定程度，窄间隙处的钻井液即被封闭形成钻井液窜槽带，即使该钻井液窜槽带能在后续水泥浆的顶替作用下缓慢上返，也终将在水泥浆柱内形成钻井液窜槽带而严重破坏水泥环的层间封隔性能。

因此，为提高顶替效率，一方面应尽可能提高套管在环空中的居中度，另一方面，应适当控制钻井液和水泥浆的动塑比，以降低流体在环空宽窄处的流速差异，避免由于环空宽间隙处流体严重舌进而引发的钻井液窜槽，或由于钻井液在环空窄间隙处形成钻井液滞留区而引发的钻井液窜槽。国内外大量的研究结果表明，为有效顶替钻井液，套管居中度不能低于 67%。

8.5.3　紊流程度及接触时间与顶替效率

在注水泥过程中，顶替液对被顶替液的顶替是一个循序渐进的过程，那么顶替效率将受顶替液对被顶替液的接触时间的显著影响，因此有必要研究接触时间对顶替效率的影响，从而在保证顶替效率的条件下，合理确定冲洗液、隔离液的用量。

图 8.23 至图 8.25 是在不同紊流程度下，环空宽间隙和窄间隙处以及中间间隙处的顶替效率随接触时间的变化。增加水泥浆通过某位置的接触时间，可明显提高偏心环空窄间隙处的顶替效率。但是当水泥浆处于层流时，这种作用对窄间隙处钻井液的顶替效果并不明显，而且即使水泥浆已经处于紊流流态、雷诺数 $Re = 2300$ 时，水泥浆在环空窄间隙处的顶替效率也不理想，仅达到 70% 左右（图 8.23）。但是，当流体紊流程度增加，雷诺数 $Re > 2800$ 时，在 3~7min 的接触时间内，环空窄间隙的顶替效率即可达到 100%（图 8.24 和图 8.25）。

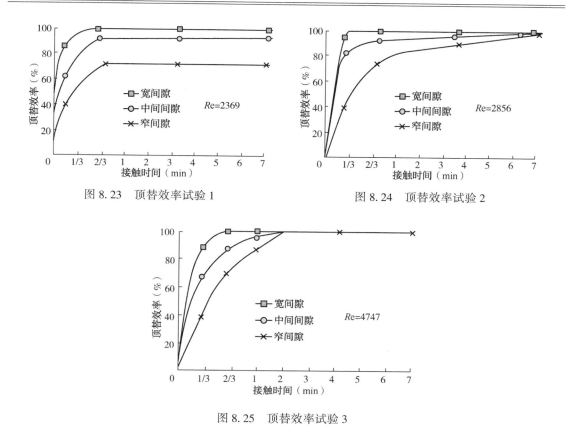

图 8.23　顶替效率试验 1

图 8.24　顶替效率试验 2

图 8.25　顶替效率试验 3

由此可以得到以下的实验研究结论：

（1）不论套管的居中度如何，也不论流体的紊流程度如何，随着接触时间的增加，顶替效率也迅速增加，但是，当接触时间达到一定的时间以后，顶替效率趋于稳定，不再随接触时间的延长而增加，因此，在设计冲洗液和前置液的使用量时，无需过分追求紊流接触时间。接触时间达到 5~10min 即可使顶替效率达到稳定。

（2）当套管居中度低到一定的程度时，即使是紊流顶替，窄间隙处也会形成钻井液滞留区，从而形成钻井液窜槽带而引发环空窜流，因此，应尽可能采取有效措施提高套管居中度。

（3）随着流体雷诺数的增加，顶替效率达到稳定的时间迅速减少。当 $Re = 4747$ 时，在 2~3min 的接触时间内顶替效率即可上升到 100%，因此，在条件允许的情况下，应尽可能采取高环空返速紊流顶替。

8.5.4　钻井液的触变性与顶替效率

钻井液的触变性一般用 10min 的静切力表示。从正常钻井的角度出发，钻井液必须具有一定触变能力，以携带岩屑、清洗井眼，确保井眼清洁，并防止由于井眼不清洁而引发的复杂和事故。但是钻井液作为被顶替对象，其性能必然会影响到水泥浆对它的顶替效率。因此，有必要研究钻井液触变性对顶替效率的影响。由钻井液触变性对顶替效率的影响关系曲

线(图8.26)可知:

(1)钻井液触变性对水泥浆的顶替效率有明显的影响,在低速顶替下这种影响更为突出。

(2)在其他条件相同的条件下,随着钻井液触变性的增加,钻井液开始流动的阻力增加,更难被水泥浆有效顶替,从而导致顶替效率明显降低,因此在固井注水泥作业前,应在保证井下稳定的情况下尽可能降低钻井液的触变性、降低钻井液的剪切流动阻力、提高钻井液的流动能力,以提高顶替效率。

(3)在其他条件相同的条件下,随着环空返速的增加,钻井液触变性对顶替效率的负面影响明显减弱,因此在有条件的情况,应尽可能采用高环空返速紊流顶替。

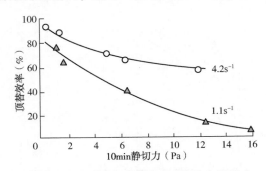

图8.26　钻井液触变性能对顶替效率的影响

8.5.5　水泥浆驱动力与钻井液剪切阻力对顶替效率的影响

(1)宾汉流体在偏心环空中流动。

环空压降公式为:

$$p_{an} = \frac{12\eta_s Lv}{(R-r)^2 G_B} + \frac{3\tau_0 L}{R-r} \frac{E_B}{G_B} \tag{8.7}$$

其中

$$G_B = 1 + \frac{1}{2}(M+1)e^2$$

$$E_B = 1 + \frac{1}{4}Me^2 \tag{8.8}$$

$$M = \frac{3 + \dfrac{r^2}{R}}{1 + \dfrac{r}{R}}$$

雷诺数表达式为:

$$Re = \frac{(R-r)v\rho}{\eta_s \left[\dfrac{1}{2G_B} + \dfrac{\tau_0(R-r)}{8\eta_s v} \dfrac{E_B}{G_B} \right]} \tag{8.9}$$

式中　R——井径，m；

　　　　r——套管半径，m；

　　　　η_s——液体塑性黏度，mPa·s；

　　　　τ_0——液体动切力，Pa；

　　　　v——环空平均速度，m²/s；

　　　　ρ——液体密度，g/cm³；

　　　　L——井筒长度，m。

（2）实验结果分析。

表 8.25　影响水泥浆顶替效率的有关参数表

序号	环空返速 v_{an}(cm/s)	水泥浆		水泥浆与钻井液性能比				顶替效率 η(%)		
		流态	Re	密度比 (ρ_c/ρ_m)	压力梯度比 (p_c/p_m)	动切力比 (τ_{0c}/τ_{0m})	塑性黏度比 (η_{sc}/η_{sm})	宽	中	窄
1	0.765	层流	282	1.547	3.152	3.90	0.65	95.6	90.8	64.1
2	0.744	层流	407	1.574	3.26	3.57	1.77	100	92.1	65.2
3	0.775	层流	473	1.586	2.96	3.91	1.15	96.8	88.2	86.2
4	0.773	层流	370	1.543	3.68	1.90	1.26	96.3	96.2	62.6
5	0.751	层流	93	1.542	4.30	6.40	0.85	93.1	93.3	63.9
6	0.796	层流	111	1.752	3.04	37.3	0.71	93.2	92.9	77.7
7	0.742	层流	389	1.753	1.25	1.24	1.17	96	90.6	40.9
8	0.825	层流	1250	1.554	0.54	0.417	2.56	90	88.8	40.1
9	1.048	紊流	2810	1.184	0.209	0.19	0.33	100	9.2	14.4
10	0.10	塞流	63	1.167	0.356	0.36	0.41	95.5	94.5	0
11	0.103	紊流	6995	0.849	0.0098	0	0.046	98.3	7	12
12	0.195	层流	526	1.207	0.186	0.18	0.44	90.9	91.1	0

注：τ_{0c} 和 τ_{0m} 分别是水泥浆、钻井液的静切力，τ_{wc} 和 τ_{wm} 分别是水泥浆、钻井液在井壁和套管外表面上的剪切应力。

表 8.25 列出了进行 12 次实验得到的实验数据，这些数据反映了顶替过程中水泥浆驱动力与钻井液流动阻力之间相互关系对顶替效率的影响。由表 8.25 可知：

① 不论顶替流态如何，即使套管严重偏心（$e>58\%$），宽间隙和中间间隙的顶替效率都较高，一般在 90% 以上，但窄间隙的顶替效率却很不理想，大多在 70% 以下。

② 水泥浆和钻井液的密度差、压力梯度比（$a=p_c/p_m$）、动切力之比 $b=\tau_{0c}/\tau_{0m}$，对顶替效率有明显的影响。当密度比 >1.5，$a>3$，$b>2$，水泥浆在窄间隙的顶替效率仍然较好，一般在 70% 以上。

③ 如果水泥浆对钻井液的压力梯度比、动切力之比小于 1.25，那么即使有高达 1.75 的密度比，窄间隙处的顶替效率也只有 40% 左右。

④ 如果水泥浆对钻井液既不能形成正的流变性级差，也无法形成较高的密度差，那么，窄间隙处的顶替效率将急剧降低，以至于形成钻井液滞留区、出现严重的钻井液窜槽。

⑤ 如果水泥浆对钻井液形成了负的密度级差及流变性级差，那么，即使是雷诺数接近 7000 的紊流顶替，也将在窄间隙处形成钻井液滞留区而引发环空窜流。

水泥浆和钻井液的压力梯、动切力之比反映了环形空间各个位置水泥浆驱动剪切力与钻井液剪切阻力之间的关系，即：

$$a = \frac{p_c}{p_m} = \frac{\tau_{cx}}{\tau_{mx}} = \frac{\tau_{wc}}{\tau_{wm}} \tag{8.10}$$

式中 τ_{cx}，τ_{mx}——水泥浆、钻井液的动切力；

  τ_{wc}，τ_{wm}——水泥浆、钻井液在井壁和套管外表面上的剪切应力。

由于边壁的钻井液相对于中央部分的钻井液不易顶替干净，因此所要求 $a>b$，即 $c = a/b>1$，c 值的大小与井壁状态、滤饼质量、钻井液的触变性和套管居中度有关，滤饼越厚，触变性强，偏心度大，为提高顶替效率，a 值就应该越大。

图 8.27 至图 8.30 为两种液体在不同 a 和 b 值的情况下，剪切应力在环空中的分布图。从图 8.27 至图 8.30 中对比分析可知：

① 当 $\tau_{0c}>\tau_{0m}$，$\tau_{wc}>\tau_{wm}$ 时，顶替效果最好；当 $\tau_{0c}=\tau_{0m}$，$\tau_{wc}=\tau_{wm}$ 时，水泥浆顶替效果较好；

② 当 $\tau_{0c}<\tau_{0m}$，$\tau_{wc}>\tau_{wm}$ 时，环空中有窜槽现象，顶替效果不好；

③ 当 $\tau_{0c}<\tau_{0m}$，$\tau_{wc}<\tau_{wm}$ 时，水泥浆顶替效果最差。

上述研究，只是对两相液体之间的驱动与被驱动进行的一种探索，至于 τ_{wc}/τ_{wm} 应该多大，还需进一步用实验和现场统计来确定。但有一点是可以肯定的，即套管居中度越高，为提高顶替效率而需要的 τ_{wc}/τ_{wm}，τ_{0c}/τ_{0m} 的比值越小。

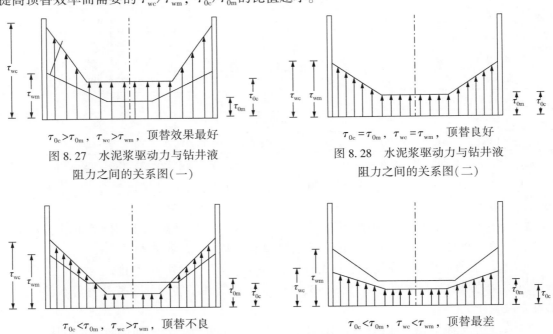

$\tau_{0c}>\tau_{0m}$，$\tau_{wc}>\tau_{wm}$，顶替效果最好

图 8.27 水泥浆驱动力与钻井液
阻力之间的关系图（一）

$\tau_{0c}=\tau_{0m}$，$\tau_{wc}=\tau_{wm}$，顶替良好

图 8.28 水泥浆驱动力与钻井液
阻力之间的关系图（二）

$\tau_{0c}<\tau_{0m}$，$\tau_{wc}>\tau_{wm}$，顶替不良

图 8.29 水泥浆驱动力与钻井液
阻力之间的关系图（三）

$\tau_{0c}<\tau_{0m}$，$\tau_{wc}<\tau_{wm}$，顶替最差

图 8.30 水泥浆驱动力与钻井液
阻力之间的关系图（四）

8.5.6 提高顶替效率措施

在进行注水泥流变学设计时，可通过优化钻井液、水泥浆性能，以及注替排量使 a 和 b

达到提高顶替效率的要求。反之，也可根据预计的 a 和 b 值反算提高顶替效率需要的钻井液、水泥浆流变性能及注替排量。

水泥浆和钻井液在偏心环空中流动时，边壁上剪切应力可表达为：

$$\tau_{wc} = \tau_{0c}\left[\frac{\eta_{sc}v}{(R-r)G_B\tau_{0c}} + \frac{3E_B}{2G_B}\right] \tag{8.11}$$

$$\tau_{wm} = \tau_{0m}\left[\frac{\eta_{mc}v}{(R-r)G_B\tau_{0m}} + \frac{3E_B}{2G_B}\right] \tag{8.12}$$

式（8.11）和式（8.12）两式相除，经整理后得：

$$\eta_{sm} = \frac{1}{a}\left[\eta_{sc} - \frac{E_B(c-1)(R-r)}{4v}\tau_{0c}\right] \tag{8.13}$$

$$\eta_{sc} = a\left[\eta_{sm} + \frac{E_B(c-1)(R-r)}{4vc}\tau_{0m}\right] \tag{8.14}$$

通过注水泥顶替机理研究，可知：

（1）钻井液的触变性对顶替效率有明显的负面影响，在固井时应尽量降低钻井液的 10min 静切力。

（2）合理使用冲洗液和隔离液，增加紊流或塞流接触时间，对提高环空窄间隙处的顶替效率有明显的促进作用。

（3）提高紊流顶替的紊流程度，可明显缩短顶替效率达到稳定需要的时间，同时，可提高最终的顶替效率。

（4）提高水泥浆与钻井液的压力梯度比（或壁面剪切应力比）和动切力比，对提高顶替效率有明显的促进作用。

（5）提高顶替效率所需要的水泥浆与钻井液的压力梯度比、动切力比，随套管居中度的提高而减小。

综上所述，为提高水平段顶替效率，要做到以下几条：

（1）套管居中时，不论是层流顶替、塞流顶替还是紊流顶替，水泥浆对钻井液的顶替效率都比较高，都在 90% 以上，其中塞流顶替最好，紊流顶替次之，层流顶替最差。

（2）套管偏心时，环空宽间隙处的流速明显高于流体在窄间隙处的流速，当窄间隙宽度小至 7mm 时，其流体流速几乎接近于零，从而在环空中形成钻井液滞留区，引起钻井液窜槽。因此，在尽可能提高套管居中度的情况下，应适当控制钻井液、水泥浆的动塑比，以降低流体在环空宽窄处的流速差异。为有效提高顶替效率，套管居中度不能低于 67%。

（3）增加水泥浆通过某位置的接触时间，可明显提高偏心环空窄间隙处的顶替效率。在设计冲洗液和前置液的使用量时，接触时间达到 10min 以上即可使顶替效率达到稳定。

（4）钻井液触变性对水泥浆的顶替效率有明显的影响，随着钻井液触变性的增加，流动阻力增加，更难被有效顶替，因此，在固井注水泥作业前，应在保证井下稳定的情况下调整钻井液性能，降低钻井液触变性、降低钻井液剪切流动阻力，以提高顶替效率。

（5）提高水泥浆与钻井液的压力梯度比（或壁面剪切应力比）和动切力比，对提高顶替效率有明显的促进作用。

8.6 水平井固井试验及推广应用

在玛18、艾湖2、风南4、玛东2、西泉103、玛131和车21等区块试验及推广应用水平井固井，固井质量合格率94%以上（表8.26）。

表8.26 试验及推广应用水平井固井质量统计表

区块	井号	井深（m）	水平段长（m）	钻头尺寸（mm）	套管尺寸（mm）	环空间隙（mm）	水泥返高（m）	封固段长（m）	最高泵压（MPa）	固井质量评价
玛18	M1	5043	950	165.1	127	19.05	3003	2040	43	合格
	M2	5106	1050	165.1	127	19.05	3000	2106	45	合格
艾湖2	A1	4673	1202	165.1	127	19.05	2208	2465	28	合格
风南4	F1	4143	1208	215.9	139.7	38.10	2150	1993	25	优质
	F2	4008	1206	215.9	139.7	38.10	1600	2408	19	合格
	F3	4045	1205	215.9	139.7	38.10	2035	2010	19	合格
玛东2	MD1	5090	1199	152.4	114.3	19.05	2546	2544	37	优质
西泉103	XQ1	3492	1227	215.9	139.7	38.10	1312	2180	23	合格
玛131	Ma1	4896	1421	165.1	127	19.05	2600	2296	33	合格
	Ma2	4730	1202	165.1	127	19.05	2400	2330	28	优质
	Ma3	4706	1203	165.1	127	19.05	1790	2916	32	合格
	Ma4	4537	1053	165.1	127	19.05	2591	1946	31	合格
	Ma5	5471	2000	165.1	127	19.05	2600	2871	30	优质
	Ma6	5483	2000	165.1	127	19.05	2457	3026	30	优质
车21	CH1	2660	1107	215.9	139.7	38.10	550	2110	20	优质
	CH2	2657	1260	215.9	139.7	38.10	992	1665	20	优质

参　考　文　献

[1]《钻井手册》编写组，2013. 钻井手册[M]. 2 版. 北京：石油工业出版社.

[2] 马克·D. 佐白克，2012. 储层地质力学[M]. 北京：石油工业出版社.

[3] 范翔宇，2012. 复杂钻井地质环境描述[M]. 北京：石油工业出版社.

[4] 武兴勇，邓平，排祖拉，等，2017. 应用灰色聚类法进行钻头优选研究[J]. 当代化工，46(4)：748-751.

[5] 朱忠喜，刘颖彪，路宗羽，等，2013. 准噶尔盆地南缘山前构造带钻井提速研究[J]. 石油钻探技术，41(2)：34-38.

[6] 邓广东，高德伟，2013. 应用地应力分析技术优化九龙山构造的钻井设计[J]. 天然气工业(8)：95-101.

[7] 沈建文，2005. 泥页岩井壁稳定性力学与化学耦合机理研究[D]. 西安：西安石油大学.

[8] 邹晓峰，杜欣来，2013. 提高井壁稳定技术与方法[J]. 中国井矿盐，44(5)：25-27.

[9] 黄涛，蒲晓林，罗霄，等，2014. 基于流固耦合理论的泥页岩井壁稳定性分析[J]. 江汉石油学报，36(10)：117-126.

[10] 管志川，柯珂，苏堪华，2011. 深水钻井井身结构设计方法[J]. 石油钻探技术(2)：16-21

[11] 李佩武，曹立明，杨相升，等，2012. 河坝 107 井特种井身结构钻井技术[J]. 钻采工艺(1)：103-105.

[12] 刘应科，周福宝，刘春，等，2012. 新型抗弯、抗剪地面钻井井身结构研究与应用[J]. 中国煤炭(1)：92-95.

[13] 谢元媛，2011. 基于 ANSYS 的 PDC 钻头的有限元分析[J]. 机床与液压，39(6)：42-46.

[14] 李天明，李大佛，陈洪俊，等，2006. 用于砾石夹层钻进的新型 PDC 钻头的研制与使用[J]. 探矿工程(8)：57-63

[15] 邵明仁，张春阳，陈建兵，等，2008. PDC 钻头厚层砾石层钻进技术探索与实践[J]. 中国海上油气，20(1)：44-47.

[16] 曾伟，魏强，2011. 龙岗地区营山构造快速钻井技术[J]. 钻采工艺(3)：28-31，113-114.

[17] 邱正松，徐加放，2007. "多元协同"稳定井壁新理论[J]. 石油学报，28(2)：117-119.

[18] 王治法，刘贵传，2009. 国外高性能水基钻井液研究的最新进展[J]. 钻井液与完井液，26(5)：69-72.

[19] 曹成，王贵，蒲晓林，等，2015. 加料顺序对钾胺基聚磺钻井液工艺性能的影响[J]. 油田化学，32(2)：159-163.

[20] 徐同台，赵忠举，2004. 21 世纪初国外钻井液和完井液技术[M]. 北京：石油工业出版社.

[21] 樊世忠，鄢捷年，周大晨，等，1996. 钻井液完井液及保护油气层技术[M]. 东营：石油大学出版社：232-302.

[22] 鄢捷年，2006. 钻井液工艺学[M]. 东营：中国石油大学出版社：57-77.

[23] 杨小华，2009. 国内近 5 年钻井液处理剂研究与应用进展[J]. 油田化学，26(2)：210-216.

[24] Erik Hoover, John Trenery, Greg Mullen, et al, 2009. Water Based Fluid Designed for Depleted Tight Gas Sands Eliminates NPT. SPE/IADC Drilling Conference.

[25] Friedheim J, Sartor G, 2002. New Water-base Drilling Fluid makes Mark in GOM[C]. Drilling Contractor.

[26] Dye W, Daugereau K, Hansen N, et al, 2003. New Water-based Mud Balances High-performance Drilling and Envi-ronmental Compliance[R]. SPE 92367.

[27] 丁彤伟，鄢捷年，2005. 硅酸盐钻井液的抑制性及其影响因素的研究[J]. 石油钻探技术，33(6)：32-35.

[28] 陈德军，雒和敏，等，2013. 钻井液降滤失剂研究述论[J]. 油田化学，30(2)：295-297.

[29] 孙建荣，王怀志，孙杰，2004. FA367 新型泥浆处理剂在煤矿钻井工程中的应用[J] 建井技术，25(6)：28-30.

[30] 梁红军，樊洪海，贾立强，等，1998. 利用声波时差检测地层孔隙压力的新方法[J]. 石油钻采工艺，20(2)：1-6.

[31] 孙兆玉，2005. 塔里木盆地中 4 超深井钻井技术[J]. 中国西部油气地质，1(1)：93-96，113.

[32] 胥志雄，仲文旭，盛勇，2002. 塔里木深井长裸眼扩眼技术[J]. 石油钻采工艺，24(4)：23-26，83.

[33] 张锦荣，陈安明，周玉仓，2003. 塔里木深井盐膏层钻井技术[J]. 石油钻探技术，31(6)：25-27.

[34] 刘朝荣，张健，2002. 塔里木西南坳陷构造的几点新认识[J]. 新疆地质(S1)：31-37.

[35] 唐勇，崔炳富，浦世照，2002. 塔里木西南地区含油气系统特征[J]. 新疆地质(S1)：108-116.

[36] 段永贤，秦宏德，2005. 塔里木油田深井小间隙尾管固井难点及对策[J]. 石油天然气学报(江汉石油学院学报)，27(S6)：891-892.

[37] 刘颖彪，朱忠喜，刘彪，等，2013. 西湖 1 井井身结构优化设计研究[J]. 钻采工艺，36(2)：124-127.

[38] 刘生国，肖安成，胡望水，2001. 塔西南坳陷西南缘构造类型与圈闭特征[J]. 西安石油学院学报(自然科学版)，16(2)：1-4，9.

[39] 金之钧，吕修祥，2000. 塔西南前陆盆地油气资源与勘探对策[J]. 石油与天然气地质，21(2)：110-113，117.

[40] 陈新安，张兴林，曲秋平，等，1999. 塔西南山前构造特征及含油气前景[J]. 新疆石油地质，20(6)：468-472，543-544.

[41] 王红军，周兴熙，1999. 塔里木盆地天然气系统划分[J]. 天然气工业，19(2)：36-40+7-8.

[42] 阎铁，李士斌，2002. 深部井眼岩石力学理论与实践[M]. 北京：石油工业出版社.

[43] 葛洪魁，等，1998. 应力测试及其在勘探开发中的应用[J]. 石油大学学报(自然科学版)，22(1)：94-98.

[44] 黄荣樽，1985. 地层破裂压力模式的探讨[J]. 华东石油学报，5(1)：34-38.

[45] 朱忠喜，李思豪，关志刚，等，2018. 红 153 井区井身结构优化设计及应用[J]. 钻采工艺，41(6)：114-117.

[46] 谭廷栋，1990. 从测井信息中提取地层破裂压力[J]. 地球物理测井，14(6)：371-377.

[47] 李克向，1998. 深探井钻井液密度与类型的合理选择[J]. 钻采工艺，21(4)：62-66.

[48] 刘向君，罗平亚，1999. 石油测井与井壁稳定性[M]. 北京：石油工业出版社.

[49] 杜青才，等，2004. 高陡构造井壁失稳及井下复杂的机理研究[J]. 钻采工艺(4)：12-13+1.

[50] 李颚荣，等，1987. 地应力测量理论研究与应用[M]. 北京：地质出版社.

[51] 哈秋舲，等，1997. 岩石边坡各向异性岩体卸荷非线性力学研究[M]. 北京：中国建筑工业出版社.

[52] 黄荣樽，1984. 地层破裂压力预测模式的探讨[J]. 华东石油学报(4)：335-347.

[53] 张景寿，等，2001. 地应力裂缝测试技术在石油勘探开发中的应用[M]. 北京：石油工业出版社.

[54] 李志明，张金珠，1997. 地应力与油气勘探开发[M]. 北京：石油工业出版社.

[55] 贾文玉，田素月，孙耀庭，等，2000. 成像测井技术及应用[M]. 北京：石油工业出版社.

[56] 章成广，李维彦，樊小意，2004. 用全波列测井资料预测地层破裂压力的应用研究[J]. 工程地球物理学报，1(02)：120-124.

[57] 李术才，朱维生，1999. 复杂应力状态下断续节理岩体断裂损伤机理研究及其应用[J]. 岩石力学与工程学报，18(2)：24-28.

[58] 白家祉，苏义脑，1990. 井斜控制理论与实践[M]. 北京：石油工业出版社.

[59] 胥永杰，黄卫平，曾庆旭，2000. 四川盆地高陡构造碳酸盐岩钻井技术发展方向[J]. 天然气工业，20

（3）：47-50，6.

[60] 周维垣，1989. 高等岩石力学[M]. 北京：水利电力出版社.

[61] 张允真，等，1983. 弹性力学及其有限元法[M]. 北京：中国铁道出版社.

[62] 赵经文，等，1988. 结构有限元分析[M]. 哈尔滨：哈尔滨工业大学出版社.

[63] 丁皓江，等，1989. 弹性和塑性力学中的有限元法[M]. 北京：机械工业出版社.

[64] 朱大勇，钱七虎，周早生，等，1999. 复杂形状洞室围岩应力弹性解析分析[J]. 岩石力学与工程学报，18（4）：34-36

[65] 张清玉，邹建龙，谭文礼，等，2005. 高温深井固井技术研究进展[J]. 江汉石油学院学报（S1）：219-220，7.

[66] 张东海，刘俊山，2003. 复合钻井技术提高深井钻井速度[J]. 断块油气田，10（6）：79-82，94.

[67] 邹德永，管志川，2000. 复杂深井超深井的新型套管柱程序[J]. 石油钻采工艺，22（5）：14-18，83.

[68] 顾军，陈怀龙，高兴原，等，2006. 复杂深井尾管固井及回接技术实践[J]. 天然气工业，26（3）：65-67，163-164.

[69] 张清玉，邹建龙，谭文礼，等，2005. 国内外高温深井固井技术研究现状[J]. 钻井液与完井液（6）：57-61，89.

[70] 何金南，2005. 国内外深井钻井技术进步与经济评价探析[J]. 钻采工艺（6）：21-26+4.

[71] 谢又新，熊友明，胥志雄，等，2002. 考虑盐岩层蠕变的井身结构设计研究[J]. 西南石油学院学报，24（4）：20-23，4.

[72] 徐峰，张守钦，张晓燕，等，2000. 如何提高深井超深井尾管固井质量[J]. 钻采工艺，23（3）：98-100.

[73] 张秀红，崔红，赵昌强，2004. 深井巴东4井盐膏层钻井液技术[J]. 断块油气田，11（1）：65-66，93.

[74] 张敬荣，齐才学，2001. 深井长裸眼堵漏技术[J]. 钻采工艺，24（3）：85-88.

[75] 夏宏南，陶谦，王小建，等，2006. 深井长裸眼复杂压力层系堵漏技术研究与应用[J]. 断块油气田，13（3）：61-63，93.

[76] 石强，何金南，2004. 深井超长裸眼钻井技术探讨[J]. 天然气工业，2003（S1）：66-69，9.

[77] 杨龙，林凯，韩勇，等，2003. 深井、超深井套管特性分析[J]. 石油钻采工艺，25（2）：32-35，89.

[78] 管志川，邹德永，2000. 深井、超深井套管与钻头系列分析研究[J]. 石油钻探技术，28（1）：14-16.

[79] 王卫华，储胜利，樊建春，2005. 深井和超深井套管磨损研究现状及发展趋势[J]. 石油机械，33（12）：58-61.

[80] 管志川，李春山，周广陈，等，2001. 深井和超深井钻井井身结构设计方法[J]. 石油大学学报（自然科学版），25（6）：42-44，6.

[81] 周辉，郭保雨，江智军，2005. 深井抗高温钻井液体系的研究与应用[J]. 钻井液与完井液，22（4）：46-48，85-86.

[82] 侯殿波，2004. 深井盐膏层固井水泥浆体系研究与应用[J]. 石油钻探技术，32（3）：18-20.

[83] 王松，胡三清，李淑廉，1999. 深井钻井完井液体系研究[J]. 石油钻探技术，27（1）：26-27.

[84] 吕晓平，安朝明，胡水艳，等，2009. 自激谐振脉冲射流在玉门鸭945井的应用[J]. 石油钻采工艺，31（4）：45-47.

[85] 蒋宏伟，刘永盛，翟应虎，等，2006. 旋冲钻井破岩力学模型的研究[J]. 石油钻探技术，34（1）：13-16.

[86] 周祥林，张金成，张东清，2012. TorkBuster 扭力冲击器在元坝地区的试验应用[J]. 钻采工艺，35（2）：15-19.

[87] 孙起昱，张雨生，李少海，等，2010. 钻头扭转冲击器在元坝10井的试验[J]. 石油钻探技术，38

（6）：84-87.

[88] 陈志学，于文华，朱进祖，等，2006. 液动旋冲钻井技术在青西地区的试验与应用[J]. 石油钻采工艺，28(5)：19-21.

[89] 吕晓平，李国兴，王震宇，等，2012. 扭力冲击器在鸭深 1 井志留系地层的试验应用[J]. 石油钻采工艺，3(2)：36-39.

[90] 毕雪亮，阎铁，2001. 钻头优选的属性层次模型及应用[J]. 石油学报(6)：82-85.

[91] 张文波，2010. 不同地应力场对大斜度井井壁稳定规律的影响[J]. 天然气技术(1)：58-60，79-80.

[92] 周延军，贾江鸿，2010. 复杂深探井井身结构设计方法及应用研究[J]. 石油机械(4)：8-11，29，92.

[93] 申瑞臣，屈平，2010. 煤层井壁稳定技术研究进展与发展趋势[J]. 石油钻探技术(3)：1-7.

[94] 陈明，窦玉玲，2010. 川东北元坝区块井身结构优化设计[J]. 天然气技术(3)：44-47，79.

[95] 卫怀忠，2006. 西部地区深井井身结构设计技术探讨[J]. 石油钻探技术(2)：29-31.

[96] 杨顺辉，娄新春，2006. 复杂深井超深井非常规井身结构设计[J]. 西部探矿工程(S1)：171-172，176.

[97] 边培明，2006. 深层海相气井井身结构优化及应用[J]. 钻采工艺(6)：13-15，141-142.

[98] 王倩，周英操，2012. 泥页岩井壁稳定影响因素分析[J]. 岩石力学与工程学报(1)：171-179.

[99] 周鹏高，杨虎，2011. 乌夏断裂带二叠系岩石力学特性与钻头优选[J]. 天然气技术与经济(5)：40-43，78-79.

[100] 刘宇峰，2009. 参数化分析优选 PDC 钻头[J]. 断块油气田(4)：121-123.

[101] 张辉，陈庚绪，2013. 基于改进灰色聚类的钻头优选新方法及其应用[J]. 石油机械(2)：20-23，27.

[102] 冯玉国，1994. 模糊优化理论在金刚石钻头优选中的应用[J]. 湖南地质(4)：237-238，233.

[103] 周保中，2003. 吉林大情字井地区井壁稳定技术研究[D]. 大庆：大庆石油学院.

[104] 武博，朱忠喜，张永昌，等，2018. 井周岩石的温敏效应及其对井壁稳定性的影响[J]. 天然气技术与经济，12(1)：35-38，82.

[105] 朱忠喜，杜洪韬，张文波，等，2017. 气体钻井井壁热应力及井壁稳定性分析[J]. 钻采工艺，40(4)：25-27，2.

[106] 朱忠喜，杨海平，刘彪，等，2013. 干法固井的技术难点和对策研究[J]. 石油钻采工艺，35(2)：44-47.